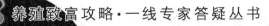

养殖致富攻略·一线专家答疑丛书

高效养獭兔与兔病防治有问必答

熊家军　杨菲菲　主编

中国农业出版社

内 容 简 介

　　本书以问答的形式较为全面系统地介绍了獭兔生产的主要环节及关键技术，其内容主要包括：獭兔养殖概况，獭兔的品质特征与分类，獭兔的生物学特性，獭兔的选种与选配，獭兔的繁育，獭兔的营养需要及饲料配合，獭兔的饲养管理，獭兔舍建设及环境调控，獭兔产品的加工和利用，獭兔疾病综合防治措施，常见獭兔传染病、寄生虫病及普通病。全书内容丰富翔实，涵盖面广，既强调科学性，又具有很强的实用性和可操作性，可供广大獭兔生产技术人员、技术服务人员、兽医工作者以及相关专业师生参考使用。

编写人员

主　　编　熊家军　杨菲菲

副　主　编　吴桂香　王　巍

参　　编（按姓氏笔画排序）

　　　　　王玉珍　方金娥

　　　　　任立新　刘建霞

　　　　　陶利文　黄　浩

獭兔是一种皮肉兼用型兔，獭兔所生产的裘皮制品具有轻柔、美观、保暖，轻便的特点，深受人们喜爱；獭兔肉与肉兔的肉一样具有"三高三低"（高蛋白、高消化率、高赖氨酸，低脂肪、低热量、低胆固醇）特征，且肉质细嫩、营养丰富，是理想的健康肉食品之一。獭兔是草食动物，饲料来源丰富，饲养技术容易掌握；饲养獭兔投资少，经济效益高，目前已成为广大农村调整产业结构和农民脱贫致富的好项目。

我国獭兔饲养业历史虽然长达 80 余年，但真正进行商品生产，产品走向国际市场还是近几年的事。獭兔皮加工业的兴起，不仅可以增值增效，而且完成了产业链条中重要的一环，改变了以往以原皮出口为主的格局，使獭兔产业化生产初现端倪。我国近年年出栏獭兔约 2 000 万只，目前已成为世界重要的獭兔皮生产国，也是世界上獭兔养殖数量最多、皮张加工最多、产品出口最多的国家。

但随着獭兔饲养业的快速发展，我国獭兔饲养业各个环节与国际上倡导的"节能、环保、绿色、健康"要求相比，存在的问题日益突出。制约我国獭兔饲养业健康发展的主要因素有獭兔品种质量差、饲养管理粗放、疾病发生严重、过多地使用药物和抗生素、兔皮深加工大型企业少、产品档次低、生产大起大落等。要促进我国獭兔饲养业持续健康发展，并向高产优质高效转化，必须大力普及和推广獭兔科学健康饲养技术。

编者编写本书的目的，就是以我国目前獭兔养殖现状为背景，以健康养殖为基本出发点，考虑到广大饲养者的技术需要，吸收畜禽养殖健康饲养技术的一些新成果，融入一些养兔者的经验，内容包括獭兔的生物学特性、育种与繁殖、营养与饲料、兔场建

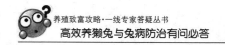

设、健康饲养管理、毛皮加工技术和獭兔疾病防控技术等。力求做到内容丰富、技术实用、可操作性强。可供基层畜牧兽医人员、养兔企业和养兔从业人员参考。

本书在编写过程中得到许多同仁的关心和支持，并且在书中引用了一些专家学者的研究成果和相关书刊资料，在此一并表示感谢。由于编者的水平有限，书中错误与不足之处在所难免，诚请同行及广大读者予以批评指正。

编　者

目　录

6

第六章　獭兔的营养需要及饲料配合 •••••••• 66

9

第九章　獭兔产品的加工和利用 •••••••••••••••••• 144

10

第十章　獭兔疾病综合防治措施 ••••••••••••••••••• 165

第一章 獭兔养殖概况

1. 獭兔是怎么培育出来的?

獭兔又名力克斯兔(Rex),属于哺乳纲、兔形目、兔科、兔亚科、穴兔属、穴兔种、家兔变种。獭兔是一种珍贵的皮肉兼用兔,引入我国后,由于其毛皮与水獭相似,故在中国称之为"獭兔"。獭兔绒毛平整直立,具有绢丝光泽,手感柔软,故又称为"天鹅绒兔"。

獭兔原产于法国,1919年,一个名叫 D. 凯隆的牧场主在自家一窝普通灰兔中发现一只短棉毛状被毛的幼兔,随着棉毛状被毛的褪换,露出短而整齐的、色彩鲜艳的栗棕色被毛。与此同时,在另一窝中又有一只相反性别栗棕色被毛的仔兔出生。这就是力克斯兔的祖先。后来一个名叫吉利的神父买下全部的突变种,经过几代的精心选育,扩群繁殖,逐渐形成了这一系,并命名为力克斯兔。

1924年,力克斯兔首次在巴黎国际家兔展览会上展出,引起了极大的轰动。世界各国相继引入。导入其他兔的血液,逐渐培育出各种流行色型,其中以英国培育的色型最多,被公认的有 28 种色型。美国培育出被公认的有 14 种色型,即白色、乳白色、黑色、红色、蓝色、青紫蓝色、巧克力色、紫丁香色、山猫色、海狸色、海豹色、黑貂色、碎花色和加利福尼亚兔色。

1920年前后,獭兔由传教士带入中国,1936年后从日本输入少量,1950年又从苏联大批引进。我国自 20 世纪 70 年代又从美国引进了多批力克斯兔,1997年北京某公司从德国引进了一批德系獭兔,1998年山东又从法国引进了一批法系獭兔。近十年来,我国陆续又有地方从不同的地方引进了獭兔种,在全国各地进行饲养。

2. 獭兔的养殖有什么特点？

（1）繁殖力高、适于规模饲养　獭兔属于多胎动物，具有性成熟早、妊娠期短、胎产仔数高、哺乳期短、繁殖力高等特点。在优良的饲养管理条件下，一般年产4～6胎，每胎产仔6～8只。每只母兔每年可以提供断奶仔兔35～40只。商品獭兔生长发育快，一般在5月龄体重达到2.5千克左右即可屠宰取皮，故生产周期短。实践证明，獭兔既可以小群饲养，也可以规模饲养。从其繁殖力和生产周期短的特点来看，獭兔是最适合发展规模养殖的畜种之一。

（2）獭兔是草食动物，不与人争粮　獭兔是食草畜种，其全价日粮中食草可占到40%～50%，每只成年兔全天耗料量仅为150克左右。同时，獭兔所需的青粗饲料来源广泛，如农区或丘陵地带零星草地、干草或作物秸秆、蔬菜等均可以作为獭兔饲料。因此，对于粮食紧缺而饲粮不足的发展中国家，饲养獭兔是缓冲人畜争粮，发展节粮型畜牧业的最佳选择。

（3）皮肉兼用，市场前景广阔　獭兔为皮肉兼用品种，贵在毛皮，也可兼用其肉，有双重的经济效益。以皮而言，因其被毛短、密、平、牢，毛皮轻柔美观，符合当今人们衣着崇尚天然、讲究色型与轻薄的趋势，故制裘价值高，市场前景好。据多方估测，目前世界獭兔皮市场年需要原皮达300万～1 000万张，缺口相当大，并且原皮经过鞣制之后增值效益高。以兔肉而言，獭兔肉与其他家兔肉没有明显的区别，同样是营养丰富、鲜嫩多汁、容易消化吸收的保健食品。

3. 目前国内外獭兔养殖情况怎样？

（1）国外獭兔生产概况

①生产现状　目前国外饲养獭兔最多的国家有法国、美国、德国、新西兰和澳大利亚等，均在100万只以上。例如，法国作为养殖獭兔最早和最多的国家，曾养獭兔200万只以上，獭兔生产以獭兔皮

为主，年产獭兔皮 1 亿张左右。美国自 1929 年从欧洲、新西兰等地引种饲养开始，20 世纪 70 年代曾掀起饲养獭兔的高潮，目前已成为世界上獭兔饲养数量较多、质量较好的国家之一，拥有獭兔 100 万只以上，各种类型的獭兔场 1 500 多个，其中商业性兔场有 200 多个，以种兔和生皮出口为主。此外，近年来不少国家如韩国、加拿大、墨西哥、秘鲁等也相继从美国引种饲养獭兔。从国外养殖獭兔的情况看，农户饲养仍占主导地位，每户规模为基础母兔 20～50 只，其主要饲料多为谷物、糠麸、青饲料和干草等；集约化饲养方式的兔场较少，但技术水平较高，已普遍使用的技术已经配套，如种兔选育、颗粒饲料养兔、仔兔中期断奶（35～40 日龄）、自动饮水、疫病综合防治等。

②市场状况　据联合国粮农组织调查，在 64 个发展中国家中，70％的国家认为家兔将成为今后的主要食物来源和抗寒毛皮制品的仓库。同时，由于廉价的羊皮生产量有限且以皮革原料皮为主，而貂皮、狐皮等高档毛皮皮量少而贵，故中档的獭兔皮能起到很好的衔接与补充作用。因此，獭兔裘皮制品将成为最受欢迎的毛皮产品之一。国外对优质獭兔的需要量很大，主要市场在欧洲、美洲、东南亚及我国香港、澳门等地区。欧洲毛皮加工业中兔皮占 60％，原料皮需要量很大。法国獭兔皮有 60％出口到比利时、巴西、美国、西班牙、英国、日本和韩国等地。美国既是獭兔皮的进口国，也是出口国，随国内消费情况而定，其出口国主要是韩国。中国香港是兔裘皮大衣的制造地，销售到世界各地，近年来也生产皮褥子及其他产品。

（2）国内獭兔生产概况　我国早在 1920 年就曾引进獭兔，20 世纪 50～60 年代曾出现过獭兔热潮，当时从苏联引进大批獭兔品种，相继推广到北京、河北、山东、河南、吉林等 10 多个省、直辖市饲养，后因饲养管理和育种技术问题而使獭兔生产受挫。70 年代獭兔生产进入热潮，80 年代再次出现獭兔饲养热潮，从 1979—1986 年先后由农业部、土畜产进出口总公司等单位或个人引进美国獭兔 4 000多只，并普及推广到全国各地，其中浙江和四川成为獭兔饲养大省，如四川省存养量达到 50 万只，但因争相引种倒种，忽视皮张生产及国内外市场开拓，而以失败告终。90 年代以来，浙江外贸部门首先将獭兔皮推向国际市场，继之北京、吉林、山东、四川等也开展了此项出口业务，将我国獭兔业推向新阶段。獭兔皮的价格这几年起伏很大。以冬季皮为例，冬季皮由 2011 年的每张 80～100 元，降到了 2012 年 8 月的最低谷 35 元左右。按照养殖户衡量价格的方式，由 17～20 元/斤*降到了 8～10 元/斤。然后市场回调，2013 年高峰期价格达到 70 元左右，然后随着以水貂为主的皮草原料行情的下降，价格也受到不同程度的打压，尤其是低路的獭兔。2014 年 4 月，低路獭兔的价格下降，10～12 月份有反弹，但是 2015 年獭兔皮和家兔皮的价格一直低迷，价格又有很大的下跌，2016 年獭兔皮张行情没有很大的上涨，由于连续行情低迷，导致獭兔养殖数量锐减，2016 年某些獭兔交易市场，上市活獭兔不到 2015 年的十分之一。作为养殖户，一定要清楚市场行情变化，特别是獭兔皮毛交易几年一个轮回，市场持续低迷后肯定会迎来一个高涨的时间。

4. 目前我国獭兔生产存在哪些问题？

近几年来，经过广大獭兔饲养及其加工人员的努力，我国獭兔生产虽已取得有目共睹的成绩，但在我国獭兔生产快速发展的过程中，同时也存在诸多问题，对于獭兔来说，最突出表现是种兔质量和獭兔皮张质量不佳的问题。其中主要表现如下：

（1）科技含量低、种兔退化严重 虽然我国獭兔饲养总数量比较多，但规模化饲养方式普及率低；饲养及其加工设备设施现代化、自动化程度低；饲养品种、品系生产性能和良种化程度低；饲养管理技术水平低；先进的獭兔繁殖技术应用率低；饲养环境控制机械化、标准化程度低；疫病防治程序化、无公害化技术水平低。特别是小规模的家庭养兔仍以较原始粗放的饲养方式为主，栏舍阴暗潮湿，饲料单一。

种獭兔在饲养过程中品种退化严重的主要原因归结为重引种轻培育，重繁殖轻饲养和科学养兔技术普及不够。具体表现在獭兔毛色混

---

* 斤为非法定计量单位。1 斤＝500 克。

杂和体型变小。据报道，国内不少种兔场的种兔毛色普遍不纯，如黑色獭兔带有白色杂毛或变成胡麻色，红色獭兔变成土黄色，蓝色獭兔变成灰色，海狸色獭兔的腹部乳白色扩展到体侧部位；獭兔体重仅为2.5～3千克，母兔年均育成幼兔10只左右。

（2）商品兔皮量少质差 据估测，目前全国商品兔仅占饲养量的66%，出口原皮量仅占生产量的75%。现有商品兔皮质量从整体上好于20世纪80年代初，但不同省份差异较大，在几个主产区测定的甲、乙级皮比例，江苏为78.7%，黑龙江为65.7%，四川仅为9.3%；与美国引进的原种獭兔比较差异更大。獭兔皮质量问题主要表现在：绒毛显粗，尤其是臀部和腹侧；部分皮密度仅为10 000根/厘米^2，低于标准要求的15 000～18 000根/厘米^2；整张皮被毛平齐度差，如有鸡啄状、背侧部毛长短不一致等；板质粗硬厚重或较薄，似牛皮纸；皮张皱缩干硬，边缘内卷等。造成皮质差的主要原因归结为种兔退化、饲养粗放、老弱病残兔取皮和宰杀剥皮技术差等。

（3）经营管理混乱 我国獭兔经营与开发的主要形式是群众自繁自养或倒种繁殖饲养，其饲养管理条件粗放，缺乏科学的育种技术，加之经营思想不端正，以至于种兔近亲交配比较严重，品种退化，生产和市场非常混乱。如不少地方出现倒种公司和以卖种赢利的个体户；有的以高价回收为诱饵，却不执行回收合同等，造成獭兔生产误入"倒种怪圈"。在某些地区，虽然做了一些跨地区联合开发、产销一体化开发等模式的探索与实践，但因市场开拓不力，产销环节配合不紧密，组织松散而责权利不清等原因而导致经营效果差而告终。

（4）综合开发滞后，产品单一 目前，我国的獭兔产品仍以初级产品形式销售为主，花色品种少，对市场的适应能力和引导能力差。大量的兔副产品包括兔肉尚未充分开发，明显影响獭兔业的增值增效。獭兔业要发展，要增效，必须搞深加工。今后，獭兔生产方向是利用高新技术，进行兔皮、兔肉全方位深加工，特别是兔副产品的深加工，这是中国兔业发展的重点、难点和瓶颈，也是未来兔业投资的热点之一。

5. 如何提高我国獭兔养殖生产效益？

（1）遵循市场规律，把握市场行情　从国内毛皮动物养殖来看，国内整个毛皮动物市场大致经历了 1989、1991、1998、2003、2007 年的几次大低迷期，从 2008—2009 年上半年开始慢慢恢复，2010 年 10 月开始转暖。自 2012 年入冬以来，獭兔行情一路走高，涨势良好。2013 年 6 月，河北尚村 2.75～3.25 千克的活体獭兔售价 32 元/千克左右（生皮 50～70 元）。獭兔也属于毛皮动物市场上的重要组成部分，在市场上，獭兔皮的价格变化周期是 3～5 年，2010 年达到历史最高时期，2014 年价格开始下降，2015—2016 年一直价格持续低迷。这也符合整个皮毛行业的周期变化。投资獭兔养殖必须认清这个规律，最少坚持养殖 5 年以上，在投资养殖獭兔以前就应该清楚地认识风险，有价格的高峰就有价格的低谷，能否坚持住是成功与否的决定因素。

（2）重视獭兔的选种选育，饲养优良品种　饲养獭兔的主要目的是为了获得优质的毛皮，獭兔的商品价值也体现在皮张上。按一般规律，獭兔体型大，毛皮面积就大，商品价值就高。而目前广大养殖户多采用粗放形式饲养，生产环境较差，獭兔常出现乱交滥配现象，使獭兔品种出现劣化、退化现象，种兔体型小，皮毛品质下降，使獭兔毛皮质量达不到规定要求。因此，在饲养獭兔时必须重视獭兔选种选育。

为此，养殖户在购买种用獭兔时应注意到正规的、有种兔生产经营资质的种用獭兔场引种。应以体重和早期生长发育速度作为重要的选种指标。选择种兔时，以挑选优质青年兔为宜，不要购买幼龄兔和老龄兔作种用。生产优质獭兔，目前多采用以美系为母本，德系或法系为父本进行杂交；或以美系为母本，先以法系为第一父本，杂交一代的母本再与德系公兔进行杂交。这两种方法都比纯繁效果好。

（3）提倡规模化饲养，提高科技管理水平　就我国养兔现状而言，发展獭兔生产的规模要适宜，农户一般以饲养种兔 30～50 只为宜，专业性小型养兔场规模以饲养种兔 100～300 只为宜，中型养兔场以 500～800 只为宜，大型养兔场以 1 000～2 000 只为宜。饲养规模过小，经济效益不高；饲养规模过大，如果资金、人力、物力条件达不到要求，饲养管理水平粗放，良好的生产潜力就不能充分发挥，不仅效益低，而且容易诱发多种疫病，造成经济损失。

（4）采用前促后控的饲养模式，提高皮张的质量 合格商品獭兔不仅要有一定的体重和皮张面积，还要兼顾皮张的质量，特别是要遵循兔毛换毛规律，而且要求皮张被毛有适宜的密度和皮板的成熟度。如果仅考虑体重和皮张面积，一般在良好的饲养条件下，3.5～4 月龄即可达到一级皮的面积，但皮张厚度、韧性和强度不够，生产的皮张商用价值低。要按獭兔皮毛生长特点进行科学饲养，提供营养丰富的全价配合饲料。

在饲养上一般采用前促后控的育肥技术，即从断奶到 3 月龄或 3.5 月龄，提高饲料的营养水平，粗蛋白达到 17%～18%，消化能为 11.3～11.7 兆焦/千克，目的是充分利用獭兔早期生长发育快的特点，挖掘其生长潜力。4 月龄之后适当控制，一般有两种控制方法：①控制饲料质量，降低能量浓度和蛋白质含量，如粗蛋白质 16%，消化能 10.5 兆焦/千克；②控制饲喂量，饲料配方与前期相同，饲喂量较前期降低 10%～20%。采用前促后控的育肥技术，可以节省饲料，降低饲养成本，而且皮张质量好，皮下不会有多余的脂肪和结缔组织。

（5）加强獭兔的饲养管理，及时分群 獭兔比较好斗，饲养密度过大容易导致其腹部、后躯被毛被粪尿污染，出现尿黄色，尤其是白色被毛。轻度污染影响外观，严重的导致被毛脆弱易断，降低皮毛的品质。在坚持科学饲养的同时，还应加强管理，对断奶后的仔兔要及时进行分群。断奶后的仔兔实行小群饲养，幼公兔除留种外，全部去势，然后按日龄、体重、大小、强弱进行分群，每笼为一群，3 月龄前每笼 4～5 只，3 月龄后，每笼 2～3 只。淘汰的成年种兔按公、母分群，每群 2～3 只，经短期催肥饲养就可出栏。

（6）做好疾病的预防工作，提高獭兔的育成率 广大养殖户在疫病防治上一定要坚持"以防为主，治疗为辅"的方针，确保无疫病发生，以获得最大的养殖效益。①兔舍要定期按常规消毒，切断疾病传染源，要特别注意防止直接损害毛皮的疫病，如毛癣症、兔螨病，一且发现要立即隔离治疗；②对兔瘟、巴氏杆菌病和魏氏梭菌病等，应及时做好预防接种。

商品獭兔的屠宰取皮是饲养獭兔的最后生产环节，无论饲养的獭兔品种多么优良，投喂的饲料多么全价，饲养管理多么精细，一旦这一环节没有掌握好，将前功尽弃。因此，獭兔应适时出栏屠宰取皮。一般来讲，成年兔皮的质量比幼年和老龄淘汰兔皮要好，即5～6月龄、体重在2.5千克左右的獭兔，在第一次年龄性换毛之后、第二次换毛之前取皮最好。

（7）开展产品综合开发利用，提高经济效益 加工销售是獭兔产业化发展和适应市场需要的前提，对獭兔生产有至关重要的作用。近年来，以销促产、以销定产已成为发展獭兔生产的基本原则，也给地方相关产业的发展带来机遇，某些地区出现了产销两旺的良好势头。

獭兔的主要产品有兔皮、兔肉、兔粪和内脏。为了巩固和发展我国养兔业，有关部门应注意兔产品的综合开发利用，以适应市场经济的需要。獭兔除用于满足国内外毛皮交易市场的需要之外，必须立足于国内市场的开发和综合加工利用。对兔肉、兔粪和兔的内脏要进行深度加工，综合利用，增值增效。

6. 怎样投资办獭兔场效益高？

（1）投资者具备良好的素质 作为投资者要有敏锐的市场洞察力、行业前景的预测力、良好的沟通协调力、风险的承受力和养殖及财务方面的知识等。一旦决定了投资养獭兔，就要对獭兔行业特点有一个准确把握，不能人云亦云，只听别人的介绍，自己不去深入调研，这样盲目投资，没有多大的胜算。还要了解獭兔的养殖技术、饲料配制、疾病预防、良种选择，掌握了这些知识，最好自己掌握关键技术，不把关键技术寄托在某个人身上，不做外行，才可以把獭兔养得更好，才可以见到良好的经济效益。投资者还要有一定的风险承受能力，心理素质太差的人不适合搞养殖，是投资就有风险，要想挣钱，首先问自己能不能输得起，亏不起就不要养，打工绝对亏不了本，那你还是打工的好。还要有长久做下去的打算，真正作为一项产业去投资，而不是投机，加入"炒种"或"倒种"的行列或者以此作为套取补贴的理由。虽然獭兔养殖业是个短、平、快的致富项目，但其价格遵循市场规律运行，一旦兔产品过量或销售渠道不畅，价格下滑是必然的结果。因此，养獭兔要以规模求效益，不要期望饲养一年半载就能发家致富。养殖投资是一个经营管理的过程，投资者需要懂得如何核算养殖成本，怎么不花冤枉钱，怎么使效益最大化，在租场地、融资、兔舍规划建设、饲料采购供应、品种引进、养殖人员定额管理等方面，都要精打细算。

（2）选择责任心强的养殖人员 养殖最难的不是饲养的对象，而是养殖人员，这一点对于有过养殖经验的人体会最深。就是你自己亲自去管，也并非你的水平能有多高，就能做得有多好，因为时间一长，有些事情容易疏忽。雇别人来管，责任心是关键，真正把养殖场当做自己家的事情来做的人能有几个？搞养殖的都说，好人不愿意干，赖人干不了。可能有的人说，搞指标、搞承包不就能解决了吗？实际的情况可能因为饲养员的频率更换，流动性很大，今天这个来，明天那个走，制度延续都是个问题。况且，养殖出现问题很少是当时出现，都是经过一段时间以后才逐渐暴露出来，比如应该配种的时候，因为责任心不强没有及时发现而错过了配种，或者喂料时候不按饲喂量喂料，饥一顿饱一顿，导致獭兔的生长受到影响等，这些都不是当时能发现的，等发现的时候已经晚了，甚至补救的机会都没有。所以，投资者千方百计地选好人、用好人，要想办法调动养殖人员的积极性，创造拴心留人的好环境，让他们在你那里舒心地工作。

（3）加强养殖管理技术 养獭兔是个技术性很强的工作，很多养殖户失败并不是资金上的问题，而是技术上的原因。因为现在养獭兔与过去截然不同，无论是獭兔的品种还是饲养管理都不一样了。以前是粗放式的，一家一户的庭院散养，獭兔主要吃当地的草，品种一般，疾病也不复杂，就那几样病，几乎不用预防就能养好。而现在养獭兔在饲养管理上以规模化笼养舍饲为主，繁殖、饲料配制、日常管理上需要投入大量的精力。因此，需要很多的养殖技术，如人工授精技术、同步发情技术、杂交改良技术、饲料配制技术、育肥技术、疾病防治技术、防疫消毒技术等，很多专业性的技术都必须掌握，并能够熟练地运用到生产实践当中，才能取得好的养殖效益。

(4) 具备充足的资金 养兔需要购买或者租用场地、建设兔舍、购买养殖设备、购买种兔等开支，还需要陆续投入购买饲料和养殖人员工资开支，一直要持续到有可供出售的产品时投资才算告一段落。一般情况下，从建场、引种到第一批产品产出需要大半年的时间，这期间的饲喂成本是主要开支。獭兔场可能还要面对皮毛销售的淡季问题。淡季的时候，没有人收购皮毛，或者价格压得很低，这个时候最好的办法是找一个适合的仓库做成盐板皮长期保存，这样可以等到行情好时再销售，从而提高养殖场的整体经济效益。所以要准备充足的资金并做到合理分配、合理使用，才能使獭兔场正常运转。资金是一切投资的基础，不能有建兔舍的钱没有买獭兔种的钱，有买獭兔种的钱没有养獭兔的钱，最好多咨询有养兔经验的人，了解养獭兔上的一些开支细节，做好资金预算，把一切可能遇到的情况都考虑到，没有足够的资金不要轻易动手，免得盲目上马，导致资金链断裂，半途而废。

(5) 选择合适的獭兔养殖场地 养獭兔场地包括兔舍场地和放牧场地。养兔的场址选择要因地制宜，无论是山区、半山区还是平原地区，都应符合环境保护的要求，符合家兔对生长环境的要求，不能选择在地势低洼、排水和道路不畅，獭兔场与周围居民和污染源距离太近以及空气、土壤、水源质量不符合国家规定的地方。在獭兔场的驻地有充足的牧草和秸秆等饲料来源，饮用水水源达到生产无公害食品的标准要求。一只基础母兔及其仔兔按 $1.5 \sim 2.0$ 米^2 建筑面积计算，一只基础母兔规划占地 $8 \sim 10$ 米^2，养兔场一般场地规模以存栏 250 只基础母兔、年出栏兔 7 500 只计算，占地 1 公顷左右为宜。如果新建兔舍，还要控制好獭兔舍的造价，要做到既能满足养殖兔的需要，又不造成浪费。

(6) 建设科学合理的兔圈舍 獭兔舍不仅是遮风挡雨的地方，而且要符合獭兔的生物学特性和动物福利，符合防疫、防火等安全要求，夏季要凉爽，冬季要温暖。獭兔喜欢在干燥、卫生、凉爽的环境中生活，厌湿潮环境。獭兔的活动场地和圈舍都以高燥为宜。长期在潮湿的环境下，獭兔容易感染寄生虫和传染病，同时獭兔毛品质下降，影响獭兔的经济价值。目前我国在兔舍和笼具上还没有一个统一合理的规模样式，普遍存在笼舍建造形式及规格各异，质量差，单个笼面积小，养殖密度大，獭兔产仔箱品种多样，獭兔采食盒小而简易，自动饮水器质量差、易漏水、易损坏，饲料浪费严重，室内潮湿环境差，养殖人员劳动强度大。这些问题直接影响了獭兔的生长和繁殖，加大了养殖成本，无法从根本上提高养殖效益。所以，针对这些问题，新建养殖场坚决不能走这样不合理、不科学的落后道路，建设前要多考察、多走访，力求建设合理的兔舍。

（7）选择适合的兔品种 品种是关键的第一步，地区决定了品种，品种决定了成败。选择的标准是适应能力强、能适应养殖当地的自然环境、对恶劣环境和疾病的抵抗能力强、生长速度快、繁殖率高等，还要符合市场对肉质、毛质、皮质的需求等。獭兔品种很多，品种好坏直接影响兔皮的质量，质量好的獭兔皮价格很高，质量差的价格非常低，甚至没人收购。必须养体型大、毛质优的獭兔品种才能适应市场需求。

（8）饲料廉价来源可靠稳定 獭兔以食草为主，獭兔特殊的消化生理使粗饲料成为不可缺少的营养源，约占饲料总量的45％。据计算，一个年出栏商品兔1万只的獭兔场，按照目前的平均养殖水平，年需要粗饲料约65吨（种兔和商品兔总需求量）。建场之前要充分考察好养兔场所在地的草料资源。尽管我国饲草秸秆资源极其丰富，但真正能批量使用的粗饲料寥寥无几。很多养兔场是以外购草粉饲喂，成本不好控制，要注意价格是否合理，是否容易出现饲料供应问题造成亏损。因此，养兔场要对饲料尤其是饲草做好保障计划，有土地条件的要自己种植优质牧草，引进獭兔之前就应根据自己獭兔群的规模种植相应数量的牧草，既保证了草料供应，质量也得到了保证，同时又节约了开支。如果建规模种兔场销售种獭兔，优质牧草粉价格适当高一些也是可以接受的，因为种兔售价高、利润大，优质饲料可以保证种兔的快速生长和体况。

（9）销售渠道好 产、供、销是一个有机的整体，从开始建场的时候，要把销售作为建场的一个基本条件，对于自己建立销售渠道的，更要早动手、早谋划。要考察好市场，是销售种兔、还是商品兔，是出栏活兔销售还是屠宰后销售，是自己在市场销售还是卖给兔

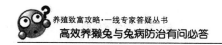
贩子，是销售给屠宰场还是销售给加工厂等，做好前期的市场调查，有稳定销售渠道的最好签订销售合同。养殖上品牌的重要性被越来越多的人认识，有品牌的兔产品可以建立起稳定的消费群体，卖出更好的价格。

第二章 獭兔的品质特征与类型

7. 獭兔有哪些品质特征？

獭兔是典型的皮肉兼用型兔，生产中不仅对皮张质量要求较高，而且由于獭兔肉也十分细嫩，美味可口，因此体重大小也是獭兔的重要品质要求。总的说来，獭兔的品质要求可以用"短、细、密、平、美、牢、体、重"八大特点进行概述。

（1）短 是指獭兔皮毛纤维极短。肉用兔毛纤维平均长3厘米左右；长毛兔毛纤维平均长10～17厘米；而标准的獭兔毛纤维仅1.3～2.2厘米，最理想的毛纤维长为1.6厘米。其中公兔毛略长于母兔毛，但差异不显著。如果獭兔的毛长超过2.2厘米，则可认为严重退化，必须淘汰。

（2）细 是指毛纤维横断面直径小，枪毛（针毛）含量少。獭兔绒毛的细度平均为16～19微米，且绒毛含量高，为93％～96％，枪毛含量少，仅为4％～7％。

（3）密 是指在每平方厘米皮肤上毛纤维根数。据测定，肉兔每平方厘米皮肤毛纤维根数为11 000～15 000根，长毛兔为12 000～13 000根，17而獭兔为16 000～38 000根。

（4）平 是指毛纤维长短一致，整齐均匀，侧面看十分平整。獭兔由于枪毛含量少，绒毛含量非常多，所以表面看起来就十分平整柔滑。

（5）美 獭兔现在人工选育的品系繁多，毛皮颜色多，色调美观，毛色纯正，色泽光润，手感柔软，外观绚丽。獭兔的色型很多，但各色型都有要求标准，合乎色型标准要求的獭兔一般都比较美观，杂交乱配出来的色型就显得混杂灰暗。

（6）牢 是指獭兔毛纤维着生于皮板上非常牢固，不易脱落，板质坚韧。

（7）体 主要指体型要求。一般来说，獭兔的体型与毛兔、肉兔有相同之处，但也有许多不同的特点。例如，獭兔的头较小、较长，颌面可占据头长的 2/3。口大嘴尖，触须较粗硬。眼大而圆，位于头部两侧。眼珠的颜色依色型不同而异，往往是各种色型的重要特征。白色獭兔的眼球为粉红色，有色獭兔的眼球多呈黑色或褐色。耳长中等。颈较粗短，多数颌下有肉髯。胸较小，腹较大，但不易松弛下垂。臀部应宽圆发达，四肢强劲有力。爪色与毛色有关，往往也作为品种是否纯正的标志。白色獭兔的爪必为白色或粉红色，有色獭兔的爪多为黑灰色或暗色。

（8）重 重指体重，一般来讲，体重大，皮张面积大，等级也高。另外，体重大，产肉多，综合效益就高。獭兔的成年体重为3.0～3.5 千克。由于国际市场对獭兔的要求不仅是美观漂亮，而且要求增大皮张和多产肉，对提高其经济价值影响很大，因此目前国际上獭兔的育种方向已由过去的"为了观赏主要选择色型"逐渐转向以选择毛皮质量好、体重大和产肉多的皮肉兼用型獭兔为主。所以，现在将选留种兔标准已提高到 4.5 千克。在生产商品獭兔时，有的达到6.5 千克的大型皮肉兼用兔标准。

8. 我国常见的獭兔有哪些品系，各品系又有什么特征？

世界各国的獭兔均来源于法国，由于不同国家引种獭兔后在培育方法、选育方向和培育条件上的差异，使獭兔在保持被毛基本特征相同的前提下发生了一些变化，世界各国又培育成很多各具特色的类群。习惯上，我们将从不同国家引进的獭兔称为不同的品系，如美国引进的称为美系獭兔、德国引进的称为德系獭兔，以此类推。

（1）美系獭兔 美系獭兔是目前国内饲养较多的一个品系。由于引进的年代和地区不同，特别是国内不同獭兔场饲养管理和选育手段的不同，造成美系獭兔个体差异较大。其基本特征如下：

头小嘴尖，眼大而圆，耳中等长且直立，转动灵活；颈部稍长，肉髯明显；胸部较窄，背腰略呈弓形，臀部发达，肌肉丰满。毛色类型较多，有海狸色、白色、黑色、青紫蓝色、加利福尼亚色、巧克力色、红色、蓝色、海豹色等 14 种色型。我国引进的獭兔以白色为主。据测定，成年体重平均为 3.6 千克、体长 39.6 厘米、胸围 37.2 厘米、耳长 10.4 厘米、耳宽 5.9 厘米、头长 10.4 厘米、头宽 11.5 厘米。繁殖力较高。年可繁殖 4～6 胎，胎均产仔 8.7 只；母兔泌乳力较强，母性好，仔兔 30 天断乳，个体重 400～550 克，5 月龄时 2.5 千克以上。美系獭兔的被毛品质好，粗毛率低，被毛密度较大，5 月龄商品兔每平方厘米被毛密度（背中部）在 1.3 万根左右，最高可达 1.8 万根以上。与其他品系比较，美系獭兔的适应性好，抗病力强，容易饲养。

由于美系獭兔引进的年代和地区不同，饲养管理和选育水平的差异，群体参差不齐，平均体重较小，品种退化较严重，应引起足够的重视。

（2）德系獭兔 德系獭兔是 1997 年北京某公司从德国引进，投放在河北饲养。目前在北京、河北、四川、浙江等地均有饲养。

德系獭兔具有体型大，生长速度快和被毛密度大的特点。成年体重平均为 4.1 千克、体长 41.7 厘米、胸围 38.9 厘米、耳长 11.1 厘米、耳宽 6.4 厘米、头长 10.8 厘米、头宽为 11.2 厘米。体重与体长高于同条件下饲养的美系獭兔。由于德系獭兔的引进时间较短，其适应性不如美系獭兔，繁殖率较低。但作为父本与美系獭兔杂交，杂交优势明显。

（3）法系獭兔 1998 年从法国引进。体型较大，体长较长，胸宽深，背宽平，四肢粗壮，头圆颈粗，嘴巴平齐，无明显肉髯，耳朵短，耳壳厚，呈 V 形竖立，眉须弯曲，毛色有黑、白、蓝三个色型，被毛浓密平齐，分布均匀，粗毛比例小，毛纤维长度 1.6～1.8 厘米。成年体重平均为 4.9 千克、体长 54 厘米、胸围 41 厘米、耳长 11.5 厘米、耳宽 6.2 厘米。生长发育快，100 日龄体重可达 2.5 千克，150 日龄平均达到 3.8 千克；繁殖力强，母兔初配年龄为 5 月龄，公兔为 6 月龄，每胎平均产仔 7～8 只，多者达 14 只，母兔的母性良好，护仔能力强，泌乳量大；法系獭兔 5～5.5 月龄出栏，体重可达

3.8～4.2千克，皮张面积1 333厘米^{2}以上，被毛质量好，95%以上达到一级皮标准。

在毛长、头长、头宽、体长、胸围、耳长、背毛密度、臀毛密度、脚毛密度和体重指标中，美系獭兔仅脚毛密度性状优于法系和德系，其余9个性状表现较差；法系獭兔的背毛密度和臀毛密度两个重要性状表现最好；德系獭兔的毛长、头长、头宽、体长、胸围、耳长、耳宽和体重性状表现最优。在受胎率、窝产仔数、窝产活仔数、仔兔成活率、仔兔初生重、断奶成活率指标中，美系獭兔的分别为86.76%、8.08、7.73、95.71%、44.73、89.55%；法系的分别为76.67%、7.70、7.21、94.92%、44.21、88.33%；德系獭兔的分别为73.33%、7.32、6.36、87.34%、49.55、78.57%。美系獭兔的窝产仔数、窝产活仔数、仔兔成活率和断奶成活率均显著高于法系和德系獭兔，仔兔初生重以德系最高，与其他两系比较差异显著。

（4）四川白獭兔　四川草原研究所于2002年育成的四川白獭兔，是繁殖性能强、毛皮品质好、早期生长快、遗传性能稳定的新品系。该品系獭兔全身白色，色泽光亮，被毛丰厚，无旋毛。眼睛呈粉红色。体格匀称、结实，肌肉丰满，臀部发达。头形中等，公兔头较母兔大，双耳直立，脚掌毛厚。成年体重3.5～4.5千克，被毛密度23 000根/厘米^2，细度16.80微米，毛丛长度为16～18毫米。属中型兔。

4～5月龄性成熟，6～7月龄体成熟，初配月龄母兔6月龄、公兔7月龄。种兔利用年限2.5～3年。窝产仔数（7.29±0.89）只、产活仔数（7.10±0.85）只、受孕率（81.80±5.84）%、初生窝重（385.98±41.74）克。

四川白獭兔在农村饲养条件下，平均胎产仔7.3只，泌乳力1 658克，仔兔断奶成活率89.3%，13周龄体重1.79千克，毛皮合格率84.6%，具有较好的适应性和良好的生产性能。利用该品系公兔改良其他品种獭兔，仔兔断奶成活率提高3.6%，成年体重增加14%，毛皮合格率提高18%，改良效果显著，适合广大农村养殖，具有广阔的应用前景。

（5）Vc-Ⅰ、Ⅱ系獭兔　Vc-Ⅰ、Ⅱ系（简称Ⅰ系、Ⅱ系）獭兔是中国人民解放军军需大学（现吉林大学）以日本大耳白兔为母本，加利福尼亚獭兔为父本进行杂交选育而成的，具有繁殖性能高，生长速度快，体型大，生产性能稳定的特点。Ⅰ系獭兔窝产仔数、初生窝重、断乳个体重、断乳成活率分别为 7.32 只、351.23 克，861.3 克，94.5％；Ⅱ系獭兔为 6.95 只，368.15 克，894.14 克，95.13％。Ⅰ系獭兔 5 月龄平均体重、体长、胸围分别为 2 885.24 克，47.98 厘米，26.15 厘米，Ⅱ系为 3087.59 克，50.41 厘米，27.47 厘米，平均性成熟为 3.5 月龄。

9. 常见的獭兔色型有哪些？

獭兔的色型是区别不同獭兔品系的重要标志，也是选种时必须考虑的一个重要因素，同时还是鉴定獭兔毛色和商品价值的主要标准。目前獭兔色型大体上可分为四大类，即深色型、野鼠色、本色、碎花色。目前公认的有 20 多种。下面简要介绍几种比较流行的毛色。

（1）白色獭兔　獭兔全身被毛洁白，没有任何污点或杂色毛，是一种较珍贵的毛色类型，在毛皮市场上很受欢迎。其眼睛呈粉红色，爪为白色或玉色。凡獭兔被毛带污色、黄色或锈色或带有其他杂毛者，都属于缺陷。

（2）黑色獭兔　全身被毛纯黑，不带其他颜色。眼睛呈黑褐色，爪为暗色。凡被毛带褐色、棕色、锈色、白色斑点或杂毛者，均属缺陷。

（3）红色獭兔　全身被毛呈深红色，一般背部颜色深于体侧部，腹部毛色较浅，其中理想的毛色为暗红色。眼睛呈褐色或棕色，爪为暗色。

提示：凡腹部毛色过浅或有锈色、杂色与带白斑纹者，均属缺陷。

（4）蓝色獭兔　全身布满纯蓝色的被毛，每根毛从基部到毛尖部都是蓝色，不出现白毛尖，不褪色，没有铁锈色，粗毛也是蓝色。眼睛呈蓝色或暗蓝灰色，爪为暗色。

提示：凡有褪色或陈旧毛色，以及粗毛为白色者，均属缺陷。

（5）青紫蓝色獭兔　这种类型的獭兔一般生长发育良好，其毛皮质地与色型极其像毛丝鼠皮毛。该兔肉用性能也较好，体型大，肉质良好。该兔的毛基部为石蓝色，其色带比中部宽，毛中间部为珍珠灰色，毛尖部为黑色。被毛有丝光，颈、腹部毛比体躯毛色均略浅些；体躯两侧的毛一致，腹下部毛为白色或浅蓝，眼周围毛色为珍珠灰色。眼睛呈棕色、蓝色或灰色，爪为暗色。

凡被毛带锈色、淡黄色、白色或胡椒色，毛尖部毛色过深或四肢带斑纹者，均属缺陷。

（6）加利福尼亚色獭兔　全身被毛除在鼻端、两耳、四肢下部及尾为黑色外，其余部位均为白色，即一般所称的"八点黑"。其黑白界限明显，色泽协调而布局匀称；毛绒厚密而柔软。眼睛呈粉红色，爪为暗色。凡在鼻端、两耳、四肢及尾部无典型黑色毛或在黑色毛中掺有白色斑点或杂色者，均属缺陷。

（7）海狸色獭兔　这是獭兔的原种色型，培育已有几十年的历史，遗传性能比较稳定。该獭兔全身被毛为红棕色，背部毛色较深，体侧部颜色较浅，腹部为淡黄色或白色，这也是标准毛色之一。毛纤维的基部为瓦蓝色，中段呈深橙或黑褐色，毛尖部略带黑色。眼睛呈棕色，爪为暗色。

凡被毛呈灰色，毛尖过黑或带白色、胡椒色，前肢有杂色或斑纹者，均属缺陷。

（8）巧克力色獭兔　由于这种兔毛的颜色很像古巴雪茄的颜色，因此也叫哈瓦那獭兔。该兔背部被毛为巧克力样的栗色，两侧稍浅，腹下为白色。眼睛呈棕褐色。

凡被毛带锈色或出现褐色与黑色现象，或被毛带有白斑，枪毛为白色者，均属缺陷。

（9）海豹色獭兔　全身被毛为黑色或深褐色，类似海豹的色泽。其体侧、胸腹部毛色较浅，毛尖部略呈灰白色；体躯主要部位毛纤维色泽一致，从基部至毛尖均为墨黑色，从颈部至尾部为黑暗色。眼睛呈暗黑或棕黑色，爪为暗色。凡被毛呈锈色或褐色，毛纤维的基部至毛尖部颜色深浅不一或带有杂色者，均属缺陷。

（10）**水獭色獭兔**　全身被毛呈深棕色，颈、腹部白色较浅，略带深灰色，腹部毛色多呈浅棕色或带乳黄色。被毛绒密，富有光泽。眼睛为深棕色，爪为淡暗色。

（11）**蛋白石色獭兔**　全身被毛呈蛋白石色，毛尖部的颜色为浓蓝色，在体躯两侧特别明显；毛的中间部为金黄褐色并与毛基部的石盘蓝色相区别。腹下部的被毛基部为蓝色，中间部分为白色或黄褐色。眼睛呈蓝色或石盘蓝色。凡被毛呈锈色或混有白色杂色斑点，毛尖部或底毛颜色过浅者，均属缺陷。

（12）**山猫色獭兔**　又称猞猁色獭兔，全身被毛色泽与山猫颜色相似，毛基部为白色，中段为金黄色，毛尖部略带淡紫色，是目前毛皮工业中最富吸引力的毛色之一，毛绒柔软带有银灰色光泽，腹部毛色较浅或略呈白色。眼睛为淡褐色或棕灰色，爪为暗色。毛根或毛尖部呈蓝色，或与白色、橙色混杂，或带斑纹均属缺陷。

（13）**紫貂色獭兔**　这种色型属于獭兔的彩色变种，这种色型兔的被毛短而华丽，市场售价较高，若稍带绿色光泽则价值最高。一般公兔 7 月龄开始配种，母兔 4 月龄就可繁殖。这种颜色很不稳定，因此，在兔群中数量较少，关键是中等褐色不易掌握，如果变成浅褐色时，可导入加利福尼亚 1 次。总之必须经常注意调整，才能不断生产出标准华贵的紫貂色獭兔。毛色特征：脊背为靛黑褐色，体侧为栗褐色，头、耳、四肢、尾均为黧黑色。眼为红宝石色。假如出现其他杂色，均为不合格。

（14）**花色獭兔**　花色獭兔又叫花斑兔、碎花兔或宝石花兔，它的花斑表现为一定的典型图案。具体表现是两耳毛色相同，鼻部有花斑，背部、体侧、臀部均带有花斑。花斑面积一般占全身的 10%～50%。花斑面积低于全身面积的 10% 或高于 50%，或有色部位出现其他条色斑点均属缺陷。这类獭兔的被毛颜色可分为两种情况，一种是全身被毛以白色为主，杂有一种其他不同颜色的斑点。最典型的标志是背部一条较宽的有色背线，以及有色嘴环、有色眼圈和体侧对称的斑点。颜色有黑色、蓝色、海狸色等。另一种是全身被毛以白色为主，同时杂有两种其他不同颜色的斑点。颜色有深黑色和橘黄色、紫蓝色和淡金黄色、巧克力色和淡黄色、浅灰色和浅黄色四种。花斑主

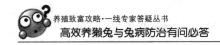
要分布于背部、体侧和臀部。这类獭兔的眼睛颜色与花斑色泽一致，爪为暗色。

其他色型的獭兔还有米色、奶油色、橙色、银灰色、烟灰色、钢灰色等。

第三章　獭兔的生物学特性

10. **獭兔的外貌特征是什么？**

獭兔的头小且偏长，颜面区约占头长的 2/3。口大嘴尖，上唇中部有一纵裂，将上唇分为相等的左右两部分，门齿外露；口边长有较粗硬的触须。眼大且呈圆形（图 3-1）。单眼的视野角度超过 180°。獭兔毛色不同，眼球的颜色也呈现不同，这是不同色型獭兔的重要特征之一，如白色獭兔眼球呈粉红色，蓝色獭兔呈蓝色或蓝灰色，黑色獭兔呈黑褐色。

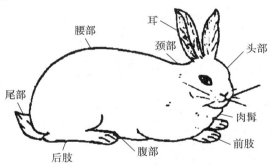

图 3-1　獭兔的外形结构

獭兔耳中等长且可自由转动，随时收集外界的声音信息。獭兔的颈短粗，轮廓明显，颈部有明显的皮肤隆起形成的皱褶，即肉髯。肉髯越大，则表明皮肤越松弛，其年龄越大。獭兔的胸腔较小，腹部较大，这与獭兔的草食性、繁殖力强和活动少有关。背腰弯曲而略呈弓形，臀部宽圆而发达，肌肉丰满，发育匀称。獭兔的前肢短，后肢长而发达，后肢飞节以下形成脚垫，静止时呈蹲坐姿势，运动时重心在后肢，整个脚垫全着地，呈跳跃式运动，这种运动方式称为趾行性。

前脚有 5 指，后脚仅 4 趾（第一趾退化），指（趾）端有锐爪。爪有各种颜色，是区别獭兔不同品系的依据之一，如白色獭兔爪为白色或玉色，黑色獭兔爪是暗色。獭兔站立和行走时，其指（趾）和部分脚掌均着地。

11. 獭兔解剖特征有哪些？

（1）**骨骼**　獭兔的骨骼根据形状可以将其分为长骨、短骨、扁骨和不规则骨四种类型；按在身体的不同部位可将其分为中轴骨和四肢骨。中轴骨包括头骨和躯干骨，四肢骨包括前肢骨和后肢骨。

（2）**肌肉**　獭兔按不同部位可以将全身分为皮肌、头部肌、躯干肌和四肢肌。

（3）**消化系统**　獭兔在整个生命活动过程中，要不断地从外界摄取营养物质，供给机体生长发育和繁殖及组织修复等一系列新陈代谢的需要。消化系统就是把外界摄取的食物进行消化，吸收其营养物质，并将残渣排出体外的系统。它包括两个部分，消化管和消化腺。具体的组成见图 3-2。

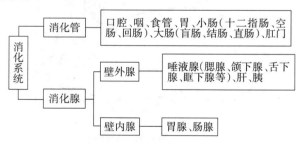

图 3-2　獭兔的消化系统组成

（4）**呼吸系统**　机体在新陈代谢过程中，不断地消耗氧气以产生供给生命活动所需的能量，同时不断地产生对机体有害的二氧化碳。因此，獭兔必须不断地从外界吸入氧气，并将二氧化碳排出体外。吸入氧气和呼出二氧化碳的过程称呼吸。兔的呼吸系统包括呼吸道（鼻、咽、喉、气管和支气管）和肺。

（5）**生殖系统**　生殖系统的主要功能是产生生殖细胞、繁殖后代，保证种族的延续。根据性别不同分为雄性生殖系统和雌性生殖系统。

①雄性生殖系统 包括睾丸、附睾、输精管、尿生殖道、副性腺、阴茎、包皮和阴囊。

②雌性生殖系统 包括成对的卵巢、输卵管、子宫和单一的阴道及阴门等器官。母兔有一对完全独立的子宫，属双子宫类型。獭兔的子宫全长可达7厘米以上，无子宫角和子宫体之分。

12. 獭兔有哪些生活习性？

（1）**嗅觉灵敏，视觉迟钝** 獭兔嗅觉十分灵敏，但视觉不发达，常用嗅觉识别饲料，采食前总是先用鼻子闻一闻再吃。通过嗅觉还可辨认出仔兔是不是自己生的。

管理上要注意防止仔兔染有其他气味，否则母兔拒绝哺乳，甚至咬死仔兔。寄养仔兔时，必须进行适当的处理，方可寄养。

（2）**门齿终身生长，具啮齿行为**

兔的第一对门齿是恒齿。出生时就有，永不脱换而且终身生长。平均上颌门齿每年生长10厘米左右，下颌门齿每年生长12.5厘米左右。由于其不断生长，獭兔必须借助采食和啃咬硬物，不断磨损，才能保持其上下

图 3-3 獭兔的牙齿

门齿的正常咬合。这种借助啃咬硬物磨牙的习性，称为啮齿行为（图 3-3）。

在养兔生产中经常给獭兔提供磨牙的条件，如把配合饲料压制成具有一定硬度的颗粒饲料，或者在兔笼内投放一些干树枝等。

（3）**穴居性** 穴居性是指兔具有打洞穴居，并且在洞内产仔的本能行为，这是长期自然选择的结果。在笼养的条件下，需要给繁殖母兔准备一个产仔箱，令其在箱内产仔。

（4）**独居性** 獭兔具有性喜独居的特点。在群养条件下，公、母兔之间或同性别间，时有殴斗、厮打现象，尤以公兔为甚。一旦咬伤

皮肤，会降低毛皮质量。在生产中，对3月龄以上的公、母兔应及时进行分笼饲养。种公兔要单独饲养，非种用公兔及时去势。

有些獭兔对人更具攻击性，饲养管理人员稍不留心，极易遭攻击，咬伤，应特别注意。

（5）热应激性　由于獭兔被毛浓密，汗腺不发达，有较强的耐寒而惧怕炎热的特性。獭兔最适宜的环境温度为15～25℃，临界温度为5℃和30℃。因此，在日常管理上，对獭兔防暑比防寒更重要。夏季高温时一定要做好降温工作，在严寒冬季当然也需注意保温，以防止受冻。

（6）夜行性　野生穴兔体格弱小，对敌害防御能力差，在进化过程中经过长期的自然选择，形成了昼伏夜行的习性，獭兔至今仍保留着这种习性，夜间十分活跃，采食、饮水频繁。据测定，獭兔夜间采食量占日采食量的70%左右，饮水量占60%左右。白天除采食、饮水活动外，大部分时间处于静卧闭目养神，甚至睡眠状态。根据獭兔这一习性，要合理安排饲养日程，晚上要喂给充足的饲料和饮水，尤其冬季夜长时更应如此。

（7）嗜眠性　是指獭兔在一定条件下，容易进入困倦或睡眠状态，并且除听觉外，其他刺激不易引起兴奋，如视觉消失、痛觉迟钝或消失。生产中可利用獭兔的这种特性进行一些简单的小手术和管理操作，如打耳号、公兔去势、注射、创伤处理、强制哺乳等，以减少应激对兔的影响。獭兔可以人工催眠，方法如下：将兔仰卧，一手按摩太阳穴，另一手在胸腹部顺毛方向轻轻抚摸，不一会儿，兔便睡着，但必须保持环境的安静。

（8）易惊性　獭兔有胆小怕惊的特性，獭兔听觉灵敏，对外界环境非常敏感，一有异常响声会引起精神高度紧张，或遇到陌生人接近或狗猫等动物闯入，会表现出惊慌不安，在笼内乱蹦乱跳或用后足拍击踏板等现象。受到惊吓的妊娠母兔易发生流产、早产、停产、难产；哺乳母兔泌乳量下降，拒绝哺喂仔兔，甚至食仔或踏死仔兔；幼兔出现消化不良，腹泻、肚胀等。

（9）爱清洁、喜干燥　獭兔喜爱清洁干燥的生活环境。一般獭兔对疾病抵抗力较差，如果环境潮湿、污秽，容易滋生病原微生物，增加患病的机会。因此，獭兔形成了爱清洁、喜干燥的习性。如经常看到獭兔卧在干燥的地方，成年兔在固定位置排粪尿，常用舌头舔拭自己的被毛，以清除身上的污物等。修建兔场、兔舍和日常饲养管理中，必须遵循干燥、清洁的原则，合理选择场址，科学设计兔舍和兔笼，定期清扫和消毒兔舍、笼具，这样既可减少疾病的发生，又能提高兔皮的质量。

（10）易发脚皮炎　由于獭兔具有跖行性的特点，足底毛虽密，但不耐磨，容易将着地部分足毛磨光，伤及皮肤而发炎，称脚皮炎。当笼底为金属网丝结构，固定竹条的钉子外露或环境湿热时，更易发病。发病兔采食量下降，毛皮质量变差，有的甚至消瘦致死。为此，饲养獭兔的笼底板最好用竹板制作，且应挫平竹节，固定竹板钉子不能外露。若已采用金属网丝的，可在笼内放一块25厘米见方的木板，以便于獭兔休息躺卧，同时应保持兔笼干燥、清洁。此外，选种时应选择那些脚底绒毛丰厚者留作种用。饲养期间要经常检查足底，早发现早治疗。

13. 獭兔的食性特点有哪些？

獭兔属于单胃草食动物，以植物性饲料为主，对食物具有选择性，喜食植物性饲料，不喜食动物性饲料，生产中考虑营养需要和适口性，配合饲料时，动物性饲料不应超过5%，且要搅拌均匀；在植物性饲料中，家兔喜欢采食豆科、十字花科、菊科等多叶性植物，不喜欢采食禾本科、直叶脉的植物，如稻草；喜欢采食颗粒料，不喜欢采食粉料、湿粉料。在饲料配方相同情况下，饲喂颗粒料，饲料消化率提高，生长速度快，消化道疾病发病率低，饲料浪费大大减少；喜欢采食含油脂较高的植物性饲料，其中油脂有芳香味能引诱兔采食，同时补充必需脂肪酸，有助于脂溶性维生素的补充和吸收。一般饲料中添加2%～5%油脂，能改善日粮适口性，提高采食量和增重速度。喜欢采食有甜味的饲料。兔味觉发达，特别是舌背上的味蕾对甜味比较敏感，对甜味饲料适口性好，喜欢采食，一般添加量2%～3%。

在獭兔的某些生理阶段，添加一些营养价值高的动物性饲料是非常必要的。比如，母兔在哺乳期又妊娠、仔兔补料、种公兔的集中配种期等。欲在饲料中加入一些獭兔不爱吃的动物性饲料，可采取由少到多、适应的方法，或采取添加调味剂的方法来解决。

14. 獭兔的消化生理特点是什么？

(1) 消化器官特点　獭兔是单胃草食性动物，而且采食饲草种类较多。獭兔的消化器官特别发达。上唇纵向裂开、门齿裸露，门齿6枚，上颌大门齿2枚，其后有2枚小门齿，下颌门齿2枚，上下门齿呈凿形咬合，便于切断和磨碎食物，适宜采食矮草和啃食树叶、树枝和树皮；兔无犬齿，臼齿咀嚼面宽，且有横脊，适于研磨草料。兔胃占整个消化道容积34％，小肠占11％，结肠占6％，盲肠占49％。大、小肠的长度是其体长的10倍。在各消化器官中，每克内容物中微生物数量，盲肠有10^9个，结肠、直肠有10^9个，空肠有$10^4 \sim 10^5$个。獭兔的盲肠极为发达，其中含有大量微生物，起着瘤胃的消化作用。正因为其消化道结构与生理作用不同于其他草食性动物，奠定了獭兔具有独特的消化功能。

(2) 特异的淋巴球囊　在獭兔的回肠和盲肠相接处，有一个膨大、中空、壁厚的圆形球囊。称为淋巴球囊或圆小囊（图3-4），为兔所特有。其生理作用有三，即机械作用、吸收作用和分泌作用。回肠

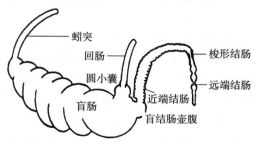

图3-4　獭兔消化道圆小囊结构

内的食糜进入淋巴球囊时，球囊借助发达的肌肉进行压榨，消化后的最终产物大量地被球囊壁的分支绒毛所吸收。同时，球囊还不断分泌出碱性液体，中和微生物生命活动而产生的有机酸，从而保证了盲肠内pH环境的稳定，保持菌群平衡，有利于微生物繁殖的环境，有助于饲草中粗纤维的消化。

（3）**对营养成分利用充分**　獭兔能有效利用饲料中营养成分。獭兔能充分利用优质饲料中蛋白质，如对苜蓿粉粗蛋白的消化率约为75%，而马为74%，猪不超过50%；同时也能充分利用低能量、高纤维的粗饲料中蛋白质，如獭兔对全株玉米制成颗粒中粗蛋白的消化率约为80.2%，马为52%。獭兔对各种饲料中粗脂肪的消化率比马属动物高得多，而且獭兔可以利用脂肪含量高达20%的饲料。但是饲料中脂肪含量在10%以内时，其采食量随着脂肪含量的增加而提高；若超过10%时，其采食量随着脂肪含量的增加而下降，说明獭兔不宜饲喂含脂肪过高的饲料。獭兔对饲料能量的利用能力低于马，并与饲料中纤维含量有关，饲料中纤维含量越高，獭兔对饲料能量的利用能力越低。獭兔对粗纤维的利用能力有限。在苜蓿草粉中，獭兔对粗纤维的利用率相当于马的46.7%，在配合料中，相当于马的46.9%，在全珠玉米颗粒料中，相当于马的52.6%。

（4）**幼兔肠道的特异性**　幼兔肠道相对较长，50日龄肠道总长度396厘米，体长28厘米，与肠道长比为1∶14.1，而成年兔体长与肠道总长度之比为1∶10；幼龄兔肠道黏膜分泌与吸收面积比成年兔相对大得多；肠黏膜上皮细胞之间的紧密联结能有效地阻止大分子物质通过上皮进入机体（即肠的细胞屏障），但幼龄兔肠上皮细胞之间联结没有成年兔紧密，细菌毒素、消化不全产物及未被消化吸收胆汁酸等能破坏肠黏膜的完整性和损坏上皮细胞之间的紧密结合，导致一些快速通道开放，造成肠黏膜通透性加大。

幼龄兔肠壁特别薄，比成年兔通透性高。在肠黏膜炎症时，肠道通透性进一步升高，血液中水和电解质大量返渗到肠内，肠道内的毒素和消化不全产物大量吸收入血，易发生中毒。因此，幼龄兔患消化道疾病时症状特别严重，常出现中毒症状，死亡率高。所以，加强饲养管理，防止消化不良和腹泻发生，能大幅度提高幼兔成活率。

15. 獭兔为什么要采食自己排出的粪便？

獭兔的食粪特性是指獭兔采食自己部分粪便（软粪）的本能行

为，与其他动物的食粪癖不同。这是正常的生理现象，不是病理性行为。

通常獭兔在大肠形成和排出两种粪：一种是硬粪，呈粒状、干燥、表面粗糙，量很大，依采食饲草种类不同而呈现深浅不一的褐色；另一种是软粪，呈念珠状、质地软、表面细腻光滑，量较少，通常是黑色的。成年獭兔每天排出的软粪量约 50 克，约占总粪量的 10%。獭兔在采食后8～12 小时就开始排泄软粪。软粪与硬粪在养分组成上是相同的，但含量不同。在正常情况下，兔在采食饲料后就开始有食

图 3-5　獭兔的食粪行为

粪行为。排出软粪后，兔会立即吃掉（图 3-5），稍加咀嚼便吞咽。生病或者无菌兔、摘除盲肠兔没有食粪行为。在异常情况下，獭兔也有食硬粪现象。

獭兔通过食粪维持消化道内正常微生物区系。獭兔在排泄粪便时将一些有益微生物随之排出体外，导致消化道内微生物区系发生变化，菌群减少，兔对纤维消化能力就会降低；食粪后软粪中的微生物重新回到消化道，复壮消化道内有益微生物数量和质量，保持獭兔对纤维消化能力不衰退。

獭兔通过食粪相当于延长了消化道或饲料通过消化道的时间，使得饲料多次消化吸收，提高了饲料中各养分的消化率。在正常情况下，禁止食粪，会对兔产生一些不良影响。据测定，禁止食粪30 天的兔，体重及其消化器官的容积、重量均减轻。正常条件下食粪时，獭兔采食颗粒饲料，兔体重为 3.0 千克，消化器官总重485 克，其中营养物质的消化率为 64.6%。禁止食粪以后，獭兔体重降为 2.67 千克，消化器官总重降至 276 克；其中营养物质的消化率为 59.5%。

獭兔的这一食粪的行为是正常的生理现象，只有当獭兔生病的情况下才停止食粪。

16. 獭兔具有哪些繁殖特征？

（1）獭兔具有很强繁殖力 獭兔性成熟早，妊娠期短，世代间隔短，一年四季均能繁殖，窝产仔数多。仔兔 5～6 个月龄便发情即可参加配种，妊娠期 30～31 天，哺乳期 28～42 天，断奶后 1～3 天便再次发情参加配种（图 3-6）。在一般情况下一年可以繁殖 4 窝，在生产条件比较好的集约化生产条件下，每只繁殖母兔可年产 6～7 窝，每窝可以成活 6～7 只，一年内可以育成 40～50 只仔兔。

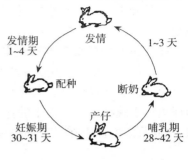

图 3-6 母兔的繁殖周期

（2）獭兔属于刺激性排卵的动物 獭兔卵巢内发育成熟的卵泡，必须经过交配刺激后才能排出。一般排卵的时间多在交配后 10～12 小时。若在发情期内不交配，母兔不排卵，成熟的卵泡就会衰老退化，10～16 天被吸收。在母兔发情时不给予交配，经给母兔注射人绒毛膜促性激素（HCG），也可以诱导排卵。

（3）獭兔胚胎在着床前后的损失率较高 獭兔胚胎在着床前后的损失率为 29.7%，着床前的损失率为 11.4%，着床后的损失率为 18.3%。对着床后胚胎损失率影响最大的因素是肥胖。交配后 9 日龄胚胎的存活情况，肥胖者胚胎死亡率达 44%，中等体况者胚胎死亡率为 18%。从产仔数来看，肥胖体况者，窝均产仔 3～5 只；中等体况者，窝均产仔 6 只以上。母体过于肥胖时，由于体内沉积大量脂肪压迫生殖器官，使卵巢、输卵管容积变小，胚胎不能很好发育，降低了受胎率和使胎儿早期死去。另外，高温应激、惊群应激、过度消瘦、疾病等，也会影响胚胎的存活。外界温度超过 30℃时，6 日龄胚胎的死亡率高达 24%～45%。

（4）獭兔假孕的比例高 母兔经诱导刺激排卵后并没有受孕，却有妊娠反应，出现母兔腹部增大、乳腺发育等妊娠症状，这种现象叫假孕。假孕的比例高是其生殖方面的重要特征之一。饲养管理不好的兔群假孕的比率高达 30%。如果是正常妊娠，妊娠第 16 天后黄体得到胎盘分泌的激素而继续存在下去。而假孕时，由于母体没有胎盘，妊娠 16 天后黄体退化，母兔表现临产行为，衔草拔毛做窝甚至乳腺分泌少量乳汁。假孕持续期为 16～18 天。

假孕过后立即配种极易受配，生产中常用复配的方法防止假孕。

（5）獭兔的性成熟与适配年龄　一般獭兔的性成熟期为 3.5～4月龄。一般白色獭兔的性成熟时间略早于有色獭兔，母兔的性成熟早于公兔，饲养条件优良、营养状况好的早于营养状况差的，早春出生的仔兔早于晚秋或冬季出生的仔兔。在正常饲养管理条件下，初配应在 5～6 月龄、体重在 3 千克左右。

17. 獭兔是怎样调节自己的体温以适应四季气候变化的？

獭兔属于恒温动物，正常体温一般是 38.5～39.5℃；临界温度为 5～30℃。如外界气温高于或低于临界温度，均会使生产性能下降。为保持獭兔最佳的生产性能，调节兔舍温度是十分重要的。

獭兔体温调节机能不健全。仔兔怕冷，成兔怕热，容易中暑。獭兔被毛密度大，汗腺很少，仅分布于唇的周围和鼠蹊部。獭兔是依靠呼吸散热的动物，长期高温对獭兔的健康是有害的，特别容易发生中暑。在高温季节要注意防暑降温。实践证明，当外界温度达 32℃ 以上时，獭兔的生长发育和繁殖率显著下降。如果长期生活在 35℃ 或更高温度条件下，会引起死亡。相反，在防雨、防风条件下，成年獭兔能够忍受 0℃ 以下的温度，可见成年獭兔是耐冷不耐热。

仔兔怕冷。初生仔兔全身无毛，体温调节机能根差，体温不恒定，出生后第 10 天，体温才趋于恒定，30 天后被毛基本形成，对外界环境才有一定的适应能力。

不同生理阶段的獭兔要求的环境温度不同，初生仔兔需要较高的温度，最适温度为 30～32℃。成年兔的适宜温度为 15～20℃。一般适合獭兔生长和繁殖的温度是 15～25℃。

18. 獭兔的生长发育规律是怎样的？

仔兔刚出生时，体表无毛，耳、眼闭塞，各系统发育都很差，尤其是体温调节功能和感觉功能更差。出生后 3～4 日龄绒毛长出，11～12 天开眼，开始有视觉，16～18 时出窝吃饲料。体重增加也很快，一般初生时为 40～60 克，生后 1 周体重可增加 1 倍以上，4 周龄时其体重约为成年体重的 12%，8 周龄时体重约为成年体重的40%。8 周龄后生长速度逐渐下降。

獭兔品系不同生长速度也不同，德系獭兔、法系獭兔增重速度高于美系獭兔，白色獭兔高于有色獭兔。性别不同，其生长速度也有差异。8 周龄前的增重公、母兔差异不明显，8 周龄后，母兔生长速度大于公兔，故成年母兔体重一般大于公兔体重。母兔的泌乳力和窝产仔数多少都会影响幼兔的早期生长发育。

断奶重将影响獭兔一生的生长速度，生产中应加强泌乳母兔的饲养管理，合理调整哺乳仔兔数，以获得较高的断奶重。

总之，獭兔生长的最大特点是性成熟前生长速度较快，饲料利用率最高；性成熟后，生长速度变慢，饲料利用率变低。因此，饲养商品獭兔时，要充分利用这一特性，早期给予营养丰富的饲料，加强管理，以发挥其最大的生产潜力，获得较大的皮张面积，最终取得较高的经济效益。

19. 獭兔被毛脱换具有哪些规律？

獭兔为适应外界环境的变化，随着年龄的增长而有规律地进行换毛，獭兔换毛分为年龄性换毛和季节性换毛。

（1）年龄性换毛　主要发生在未成年的幼兔和青年兔。第一次年龄性换毛的时间在仔兔出生后 30 日龄左右，仔兔出生后第 3 天开始长绒毛，到 30 日龄基本长好。从 30 日龄左右开始逐渐脱换直至130～150 日龄结束，尤以 30～90 日龄最为明显。獭兔皮张以第一次年龄性换毛结束后的毛皮品质好，此时屠宰取皮最合算。

第 2 次年龄性换毛多在 180 日龄左右开始，210～240 日龄结束，换毛持续时间较长，有的可达 4～5 个月，且受季节性影响较大。如第 1 次年龄性换毛结束时正值春、秋换毛季节，往往就会立即开始第 2 次年龄性换毛。理论上讲，第 2 次年龄性换毛之后取皮，毛皮品质最好，而且皮张大，但由于饲养期长，经济效益不高，因此，獭兔取皮常在第一次换毛结束的时候。

（2）季节性换毛 通常指成年兔的春季换毛和秋季换毛。春季换毛，北方地区多发生在 3 月初至 4 月底，南方地区则为 3 月中旬至 4 月底；秋季换毛，北方地区多在 9 月初至 11 月底，南方地区则为 9 月中旬至 11 月底。季节性换毛的持续时间长短与季节变化情况有关，一般春季换毛持续时间短，秋季持续时间较长。另外也受年龄、健康状况和饲养水平等影响。

（3）换毛顺序 一般先由颈部开始，紧接着是前躯背部，再延伸到体侧、腹部及臀部。春季、秋季换毛顺序大致相似，唯颈部毛在春季换毛后夏季仍不断地退换，而秋季后则无此现象。獭兔换毛期间体质较弱，消化能力降低，对气候环境的适应能力也相应减弱，容易受寒感冒。

换毛期间应加强饲养管理，供给易消化、蛋白质含量较高，特别注意对含硫氨基酸添加的饲养，可以提高獭兔毛皮品质。

第四章　獭兔的选种和选配

20. 獭兔选种的标准是什么?

(1) 体重标准　要求成年母兔体重为 3.4~4.3 千克;成年公兔体重为 3.6~4.8 千克。体重大,毛皮的面积就大,商品价值高。

(2) 头型标准　种兔头要求宽大,与体躯各部位比例相称。两耳厚薄适中,直立挺拔不下垂。眼睛明亮有神,无眼泪和眼屎,眼球颜色应与本品系的标准色型相一致。

(3) 体质标准　体质健壮,各部位发育匀称,肌肉丰满,臀部发达,腰部发达,肩宽广,与体躯结合良好。窄肩、体躯瘦长、后腿呈 X 形、臀部瘦削、骨骼纤细等,均属严重缺陷。

(4) 腿爪标准　四肢强壮有力,肌肉发达,前后肢毛色与体躯主要部位基本一致。趾爪的弯曲度随年龄的增长而变化,年龄越老则弯曲度越大。

(5) 毛色标准　獭兔皮要求毛色纯正,色泽光亮,具有该品系特定的色型。毛色不纯的、有杂色的、色斑的、色块的、色带的等异色毛不能留作种用。至于选留色型,则应根据市场需要和人们爱好。

(6) 被毛长度和密度　要求被毛长度一致,被毛平齐,密度适宜(逆向吹开被毛形成漩涡。漩涡中心露皮面积小于 4 毫米^2 为极好,4~8 毫米^2 为良好,不超过 12 毫米^2 为合格,超过 12 毫米^2 为不合格)。

21. 獭兔选种在什么时间合适?

(1) 第一次选择　一般在断奶时进行,主要以系谱和断奶体重作为选择依据。系谱选择的重点是注意系谱中优良祖先的数量。优良祖先数量愈多，则后代获得优良基因的机会就愈多；断奶体重则对以后的生长速度有较大的影响。此外，还要配合同窝其他仔兔生长发育的均匀度进行选择，将符合育种要求的列入育种群，不符合育种要求的列入生产群。

（2）第二次选择　一般在3月龄时进行，从断奶至3月龄，獭兔的绝对生长或相对生长速度都很高。鉴定的重点应是3月龄体重、断奶至3月龄的日增重和被毛品质等，应该选留生长发育快、毛皮品质好、抗病力强、生殖系统无异常的个体留作种用。

（3）第三次选择　一般在5～6月龄时进行，这是兔一生中毛质、毛色表现最标准的时期，又正值种兔初配和屠宰时期。所以，以生产性能和外形鉴定为主，根据生产指标、商品指标和体质外貌逐一筛选，合格者进入后备种兔群，不合格者淘汰。对公兔还必须进行性欲和精液品质检查。

（4）第四次选择　一般在1岁左右时进行，主要鉴定母兔的繁殖性能，对多次配种不孕的母兔应淘汰。母兔初产情况不能作为选种依据，但对繁殖性能过差的母兔应淘汰。母兔第二胎仔兔断奶后，根据产仔数、泌乳力等进行综合评定，淘汰母性差、泌乳性能不理想、产仔数少的母兔和有恶癖、性欲差、精液品质不理想的公兔。

（5）第五次选择　当种兔的后代已有生产记录时，可根据后代品质对种兔再作一次遗传性能的鉴定，以便进一步调整兔群，把真正优秀者转入核心群，优良者转入育种群，较差者转入生产群。

22.　怎样进行獭兔的选种？

獭兔的选种方法很多。针对单一性状的选择有个体选择、家系选择、家系内选择、合并选择等，对于多个性状的选择有顺序选择、独立淘汰选择、综合选择等。

种母兔要求繁殖力高，要从窝产多的个体中选留母兔。如果连续7次拒配（每天配种1次），连续空怀2～3次，4胎产仔数少于4只，这样的母兔应予淘汰；泌乳力要高，母兔的泌乳力一般可用仔兔21

日龄的窝重来衡量，21 日龄窝重大，说明母兔泌乳力高；另外，初生仔兔要求大小均匀，产仔大小不均匀，说明仔兔和母兔的健康状况不好，仔兔死亡率高，还会有发育不良的矮小兔。

种公兔要把健康、活泼、性欲旺盛、精液品质好、被毛品质优良、体型大的个体留作种用。懒惰，行动迟钝，性欲不旺，隐睾、单睾或睾丸一大一小的个体，都不能留作种用。无食仔、咬斗等恶癖。

第一胎里不选留种兔，在第二胎以后所产仔兔中选留，且有效乳头必须在 4 对以上。

23. 獭兔饲养者引种前要做哪些准备工作？

（1）对于初养兔者，必须事先考虑市场行情，如兔皮销路、价格等情况，同时考虑当地气候、饲料和自身条件，选购适宜的品系。

（2）养兔场（户）应考虑所引品系与现有品系相比有何优点。需要更换血缘时，应着重选生长发育良好、毛皮质量好、体型大的个体（一般以公兔为主）。

（3）详细了解种源场（户）的情况，如饲养规模、种兔来源、生产水平，系谱是否清楚，记录是否完整，是否发生过疫情及种兔月龄、体重、性别比例、价格等。大、中型种兔场，设备好，人员素质高，经营管理较完善，种兔质量有保证，对外供种有信誉。从上述种兔场引种，一般比较可靠。农户自办种兔场一般规模较小，近亲现象比较严重，种兔质量较差，且价格不定，购种时要特别注意。集市上种兔来源复杂，质量差，可信度也差，应尽量避免在此购种。

（4）购进种兔前，要进行兔笼、器具的消毒，饲草料及常用药品的准备，还要对饲养人员进行必要的培训。

24. 怎样选购种獭兔？

（1）品系的选定 具体品系的选定应根据自身的技术水平、饲养条件而定。有经济能力且条件好的场（户），可以选择生产性能高的品系如德系、法系獭兔。对于初养兔者，一般可先养些易饲养的品系。

（2）所选品系应具有本品系特征 每个獭兔品系色型都有其明显的外貌特征，选购时应根据其头部特征、耳型、被毛质量。毛色、眼睛、爪色等情况加以鉴别。

（3）选择优良个体 即使同一品系其个体的生产性能、毛皮质量也有明显差别。应着重根据被毛的密度、长度、平整度、色型、体型大小进行个体选择。口吹被毛难见皮肤（表明密度大），手抓被毛感到结实，体重、体型较大者均可选择。所选母兔乳头数应不少于4对。

所选个体应无明显的外形缺陷，如门齿过长、八字腿、垂耳、小睾丸、隐睾或单睾、阴部畸形均不宜选购。

（4）引种年龄 老年兔的种用价值和生产价值较低，高价买回实在不合算。1千克以下的兔适应性和抗病力差，也不宜引种。引种一般以3～4月龄青年兔为宜。一定月龄要有相应体重，参考数据如下：美系、法系獭兔一般母兔1月龄应达400～600克，2月龄1 200克左右，3月龄1 800克左右，4月龄2 500克左右，5月龄2 800克左右。同龄公兔比母兔少20％左右。同时还要根据牙齿、爪核实月龄，以防购回大龄的小老兔。

（5）血缘关系 近亲繁殖是造成兔种退化、质量下降的主要原因，因此，选购种兔时要注意所购公兔和母兔之间的亲缘关系要远，公兔应来自不同的血统。另外引种时要向供种单位索要种兔卡片系谱资料。

（6）重视健康检查 病兔不仅自身个体发育、生产性能差，严重时还会将病原传给兔群，造成全群蔓延的状态。所以引种时决不能忽视健康检查。

严禁从存在兔传染病和其他可以传染獭兔的畜禽传染病的地区及饲养场引入或购进种兔、饲料和用具等。

（7）引种数量 对于初养兔者，开始引种数量不宜过多。有养兔经验者可适当多引。

（8）引种季节 獭兔怕热，且应激反应严重，所以引种应选在气温适宜的春秋两季，尤其是秋季，种兔运回后经一个冬季的饲养，对当地的饲养方式、气候条件已有所适应，到了来年春季即可繁殖，有利于提高引种后的经济效益和社会效益。切忌夏季引种。夏季必须引种时，应做好防暑工作。冬季气候寒冷，也以少引种为宜。

25. 种獭兔购买后如何运回养殖场？

獭兔神经敏锐，应激反应明显。运输不当，轻则掉膘，身体变弱，重则致病甚至死亡，因此必须做好种兔的运输工作。

种兔在进行运输前，首先由兽医人员对其进行健康检查，并请供种单位或当地兽医部门开具检疫证明书。起运前要做好运输计划，做到心中有数。1 天左右的短途运输，可不喂料不饮水。2～3 天的运输，可准备些干草和少量多汁饲料，并准备好饮水用具。5 天以上的运输，应备好途中饲料、饮食用具、照明用具及防雨、防寒、防暑器具与消毒药品等。

包装用具可选木箱、纸箱（短途）、竹笼、铁笼等，大小以底面积 0.3～0.5 米^2、高 25 厘米为宜。笼子应坚实牢固，便于搬运。包装箱应有通风孔，有漏粪尿和存粪尿的底层设备，内壁和底面要平整，无锐利物。起运前要将兔笼、车辆、饲具进行全面消毒，然后在笼内铺垫干草。同时要了解供种单位的配合饲料及饲养制度，并携带足够所购兔食用 2 周以上的原饲料及中途所需饲料，以便逐渐变换。

运输途中要注意兔不宜喂得过饱。要对兔勤检查，勤调理。春季防感冒，秋季要防肺部疾病。车辆起停及转弯时速度要慢，以防发生意外事故。幼兔以每笼 4～6 只为宜，青年兔、成年兔要单笼。獭兔到达目的地后，要将垫草、粪便进行焚烧或深埋，同时将笼具进行彻底消毒，以防疾病的发生和传播。

26. 新引入种獭兔的养殖过程中关键技术有哪些？

(1) 注意隔离　新引回的种兔，要放入事先消毒好的隔离场内，应远离原兔群，一般隔离 1 个月，证明健康无病时，才能混入原群。隔离种兔的饲养人员不要与原兔场内的饲养人员往来，以免传播疾病。

（2）**科学饲喂** 刚到达目的地的獭兔不要急于饲喂，待休息一段时间后，再喂给少量易消化的饲料，如青草、胡萝卜、青干苜蓿等，同时喂给温盐水，切忌暴饮暴食。

饲料种类应尽量与原供种单位保持一致。如需要改变，应逐步进行。由于受运输、环境改变等应激因素的影响，獭兔消化机能会有所下降。因此，每天饲喂次数宜多不宜少，每次喂量宜少不宜多，一般每次喂七八成饱。

（3）**注意观察** 每天早晚各检查1次食欲、粪便、精神状态等，发现问题及时采取措施。新引进兔在引回1周后易暴发疾病（主要是消化道疾病）。

对于消化不良的兔，可喂给大黄苏打片、酵母片或人工盐等健胃药；对粪珠小而硬的兔，可采用直肠灌注药液的方法来治疗。

总之，加强新引入兔的饲养管理，增强机体抵抗力，是引种成败的关键。

27. 獭兔进行选配的实施原则有哪些？

（1）**有明确的选配目的** 选配是为育种和生产服务的，育种和生产的目标必须明确，一切的选种选配工作都必须围绕它来进行。

（2）**避免近交** 种兔生产和商品兔生产应避免近交，一般要掌握5～7代无亲缘关系，尤其是父女、母子、兄妹之间不可交配。

（3）**忌早配** 年龄和体重没达到标准不参加配种。

（4）**优配优** 优秀母兔必须用优秀公兔交配，公兔的品质等级要高于母兔。

（5）**有遗传缺陷不配** 有遗传缺陷的种兔（如牛眼、八字腿、畸形齿、单睾等）不能参加配种。

（6）**年龄悬殊不配** 青年兔和老龄兔之间不宜配种。群体中应以壮年公兔为核心。

（7）**注意公、母兔间的亲和力** 选择那些亲和力好，所产后代优良的公、母兔交配。种兔配种所产后代不良，或产仔少、生活力弱、抗病力差等，不应再结合，下次配种应重新选配。

（8）有相同缺点或相反缺点的不配 否则将使缺点变得顽固，如毛稀应用毛密兔改良；性状有优有劣的公、母兔交配，可以达到获得兼有双亲不同优点的后代和以优改劣的目的。

28. 常见獭兔的选配方法有哪些？

（1）同质选配 同质选配就是将性状相同或性能表现一致的优秀公、母兔进行交配，以期把这些性状在后代中得以保持和巩固，使优秀个体数量不断增加，群体品质得到进一步提高。例如，为了提高体重和生长速度，就应选择生长速度快、体重大的公、母兔进行配种，使所选性状的遗传性能进一步稳定下来。

在进行同质选配时，必须注意不能选择具有同样缺点的公、母兔进行配种，尤其是体质外形上的缺点，只能要求结构匀称、体质结实的公、母兔配种，否则会带来不良后果。

（2）异质选配 异质选配就是具有不同优良性状或同一性状但优劣程度不一致的公、母兔交配，以期获得兼备双亲不同优点的后代或以优改劣，提高后代的生产性能。例如，用生长发育快的公兔配产仔数高的母兔，或用体型大的公兔配体型中等的母兔，以期获得长势快、产仔数高的后代或体型较大的后代。

（3）年龄选配 根据獭兔交配双方的年龄进行的选配称为年龄选配。种兔随着年龄的变化，其生活力和生产性能都不一样，壮年时的生活力最强，生产性能最高，实践证明，壮年公、母兔交配所生的后代，生活力和生产性能表现最好。在生产实践中，应尽量避免老年兔配老年兔，青年兔配青年兔和老年兔与青年兔间相互交配。应该壮年兔间相互交配，或用壮年公兔配老年母兔和青年母兔，青、老年公兔与壮年母兔相配，年龄过大的兔或未到初配年龄的兔应严禁配种繁殖。

（4）亲缘选配 相互有亲缘关系的种兔之间的选配称为亲缘选配，如交配双方无亲缘关系，则称非亲缘选配。相互有亲缘关系的个体之间必定有共同祖先，共同祖先越近的后代之间的亲缘关系也越

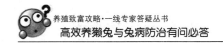

近。一般把交配双方到共同祖先的世代数在 6 代以内的种兔交配，称为近亲交配，简称近交。近交只限于品种或品系培育时使用，一般生产场和专业户，应尽可能避免（尤其是全同胞、亲子之间或半同胞交配），防止近交衰退。

第五章 獭兔的繁殖

29. 何为獭兔的性成熟和体成熟？其年龄分别是多大？

幼兔生长发育到一定月龄，生殖器官中能够产生具有受精能力的性细胞，即公兔睾丸中能产生具有受精能力的精子和雄性激素，母兔卵巢中能产生成熟的卵子和雌性激素。这时兔具备了生殖能力，开始出现性活动，即为性成熟。

性成熟期因品系、性别、营养、季节、遗传因素等不同而各异。一般獭兔的性成熟期为公兔4～5月龄，母兔3～4月龄。通常德系、法系獭兔的性成熟时间晚于美系獭兔；白色獭兔略早于有色獭兔；母兔早于公兔；饲养条件优良，营养状况好的早于营养状况差的；早春出生的仔兔早于晚秋或冬季出生的仔兔。

公、母兔达到性成熟后，虽然已具备配种繁殖能力，但身体各部分器官仍处于继续生长发育阶段。若过早配种，不仅会影响公、母兔自身生长发育，而且配种后母兔的受胎率低，产仔数少，所产仔兔身体瘦弱，母兔泌乳少，仔兔成活率也低。但也不宜过晚配种，不仅会影响公、母兔的生殖机能和经济效益，而且第一胎分娩时难产发生率升高。

在正常饲养管理条件下，不同类型獭兔性成熟年龄、初配年龄及体重可参考表5-1。

表5-1 獭兔性成熟、初配年龄及初配体重

类型	性成熟（月龄）	初配月龄	初配体重（千克）
大型	4.0～5.0	7～8	4.0以上
中型	3.5～4.5	6～7	3.0以上
小型	3.0～3.5	5～6	2.0以上

30. 獭兔种兔利用年限为多长时间？

獭兔的繁殖潜力极大，但生产中种兔的利用是有限的。一般情况下，种公兔利用 3～4 年，母兔一般利用 2～3 年。但采用獭兔高强度频密繁殖的方法，母兔仅用 1 年。超过繁殖年限继续使用，会使配种受胎率低，胚胎死亡率高，所产后代生活力差。

31. 獭兔发情与排卵的规律是什么？

獭兔的繁殖没有明显的季节性，一年四季都能繁殖，但季节对发情配种却有影响。寒冬、酷暑（气温超过 30℃或者低于 10℃的季节）都会影响獭兔繁殖。

发情母兔没有经过诱导刺激，卵巢内成熟的卵子不能排出，母兔不能形成黄体，不能抑制新的卵泡发育。母兔排卵发生于公兔交配刺激后 10～12 小时。在正常情况下，母兔的卵巢内经常有许多处于不同发育阶段的卵泡，在前一发育阶段的卵泡尚未完全退化时，后一发育阶段的卵泡又接着发育，而在前后两批卵泡的交替发育中，体内的雌激素水平有高有低。因此，母兔的发情征状就有明显与不明显之分。但是，母兔不表现发情征状的时期，与自发排卵动物的间情期完全不同，因为没有发情征状的母兔，卵巢内仍有处于发育过程中的卵泡存在。此时若进行强制性配种，母兔仍有受孕的可能。生产中可以利用这一特点，安排生产。

一般獭兔发情周期多为 8～15 天，持续期为 2～4 天，变动范围很大。

母兔发情主要表现兴奋不安，食欲减退，常用前肢扒箱或以后肢"顿足"，频频排尿，有时还有衔草作窝等现象。发情后性欲旺盛的母兔，还会爬跨其他母兔，甚至还主动靠近公兔，爬跨种公兔或向公兔身上撒尿。当公兔追逐爬跨时，常作愿意接受交配的姿势。母兔发情时，阴部湿润，充血红肿，发情初期为粉红色，中期为深红色，后期为黑紫色。

32. 怎样进行獭兔的发情鉴定？

正确地鉴定母兔的发情状况，及时安排配种，是提高配种受胎率的关键。

母兔发情鉴定采取观表现、查外阴的办法。发情时，母兔采食量减少，性情活跃，在笼内跳动不安，有时用下巴摩擦笼具。发情盛期，母兔会爬跨自己的小兔或同笼的母兔，与公兔放在一起，主动向公兔调情，追赶爬跨母兔，并将后躯抬高，尾巴上翘，接受公兔交配。此时检查母兔外阴，有肿胀、湿润和充血现象。

生产中根据母兔外阴黏膜颜色判断发情状态，选择配种时间。发情初期，外阴黏膜粉红，中期深红，后期紫红。发情中期，母兔外阴黏膜呈深红色时配种受胎率最高。因此，有句顺口溜"粉红早，黑紫迟，大红正当时"，正是反映了母兔发情配种状况。

33. 獭兔的配种方法有哪些？

一般獭兔的配种方法分为两种，一种是本交，就是公兔爬跨母兔后完成的交配。另外一种是人工授精。

34. 獭兔本交有几种交配方法，各有何优缺点？

本交分为两种情况，一种是自由交配，另外一种就是人工辅助交配。

（1）自由交配　獭兔的自由交配是一种很原始的配种方法，即是把公、母兔混养在一起，在母兔发情期间，任凭公、母兔自由交配（图5-1）。这种方法的优点是配种及时，能防止漏配，节省人力。但缺点很多，主要表现为：①公兔整日追逐母兔交配，体力消耗过大；②公兔配种次数过多，精液品质低劣，受胎与产仔率低，公兔易衰老，配种只数少，利用年限短，不能充分发挥良种公兔的作用；③无法进行选种选配，极易造成近亲繁殖，品种退化，所产仔兔体质不佳，兔群品质下降；④公兔与公兔之间，容易相互斗殴咬伤，影响配种，严重者失去配种能力；⑤也容易造成未到配种年龄、身体尚未发育成熟的公、母兔过早配种妊娠，不但影响自身生长发育，而且胎儿也发育不良；⑥若老年公、母兔交配，所生仔兔体质弱，抵抗力差，还可造成胚胎死亡或早期流产，即使能正常分娩，所生仔兔的成活率也较低；⑦全体混养还容易传播疾病。

图 5-1　獭兔的自然交配

（2）人工辅助交配法　这种交配法是獭兔养殖户、养殖场广泛采用的配种方法。即平时把公、母兔分开饲养，待母兔发情后经过发情鉴定需要配种时，将母兔放入公兔笼内进行配种，交配后及时把母兔放回原处。它与自由交配法相比，有以下优点：①能有计划地进行选种、选配，避免近亲交配、乱配，以便保持和生产品质优良的獭兔后代；②可合理利用种公兔，延长公兔使用年限，不断提高獭兔的繁殖力；③有利于保持种兔的身体健康，避免疾病的传播。

35.　獭兔人工辅助交配的配种程序是什么？

凡经检查无病，发情良好，适宜配种的母兔，春秋两季在上午8～11时，夏季在清晨或傍晚，而冬季在中午气温较高，公、母兔精神饱满之际（饲喂后）进行配种。配种前先将公兔笼内的食盆、水盆等拿出，然后将母兔轻轻放入公兔笼内。此时双方先用嗅觉辨明对方的性别，然后公兔追逐并爬跨母兔，若母兔正在发情，则略跳数步即卧下等待公兔爬在背上，待公兔做交配动作时，即抬高臀部举尾迎合。公兔将阴茎插入母兔阴道后，公兔臀部屈弓迅速射精，公兔射精常伴随发出一声"咕咕"的尖叫，随后后肢蜷缩，臀部滑落，倒向一侧，至此交配完毕。数秒钟后，公兔爬起，再三顿足，表示已顺利射精。

如果母兔发情，但公兔追逐时，母兔逃避或匍匐在地，并用尾部夹紧外阴部，不接受交配，可采用强制配种方法，即用右手抓住母兔耳朵和颈皮，左手抓住尾巴并向前上方提起，或从腹下抬高母兔后躯使外阴充分暴露，让公兔爬跨交配，交配也可成功（图5-2）。

图5-2 獭兔的人工辅助交配

母兔接受交配后，要迅速抬高母兔后躯片刻或在母兔臀部拍一掌，以防精液倒流，并察看母兔外阴是否湿润或者残留少许精液，如果有，则表明交配成功，否则应继续交配，直到交配成功。最后将母兔放回原笼，并将配种日期、所用公兔耳号等及时登记在母兔配种卡上。

36. 应用人工辅助交配应该注意哪些问题？

（1）注意公、母兔比例 据实际观察，1只健壮的成年公兔，在繁殖季节可为8～10只母兔配种，并能保持正常的性活动机能和配种效率。

（2）控制配种频率 1只体质健壮性欲强的公兔，在一天之内可交配1～2次，并在连续交配2天之后要休息1天。但若遇到母兔发情集中，也可适当增加配种次数或延长交配日数。但不能滥交，应加以控制，以免影响公兔健康和精液品质。

（3）注意掌握母兔的发情规律，及时配种 在养兔实践中，广大群众根据母兔发情规律、性欲和外阴部的红、肿、湿的变化特点，总结出"粉红早，黑紫迟，大红正当时"的宝贵经验。即在母兔发情最旺盛、外阴部黏膜呈深红色时进行配种，便可获得较高的受胎率和产仔率。

（4）配种要在公兔笼中进行　母兔的发情配种，要在公兔笼中进行。若将公兔放在母兔笼中，公兔因环境的改变，容易影响其性欲活动，甚至不爬跨母兔。若1只母兔用2只公兔交配时，要在第一只公兔交配后，把母兔送回原地，经过一段时间（10～15分钟），待异性气味消失后，再送入第二只公兔笼中进行交配，以防第二只公兔嗅出母兔身上有其他公兔气味时，不但不能顺利配种，反而还可能把母兔咬伤，更不能用2只公兔同时给1只母兔配种，以防公兔因互相争夺母兔而咬架，影响种兔的健康。一般情况下，发情良好的母兔交配一次，即可获得较高的受胎率。

（5）遇到下列情况不予配种　獭兔不到交配月龄的不得配种，若交配过早，不但影响产仔的质量，而且还会影响青年母兔的发育和健康。3年以上的母兔应予淘汰，转作肉用兔。有病的母兔，特别是患上传染性疾病的母兔，应待病痊愈后再配种产仔，以防疾病传播，影响整个兔群，造成更大损失。有血缘关系的公、母兔不予交配，以防近亲繁殖，影响后代品质。

37.　獭兔的人工授精有什么好处？其基本程序是什么？

人工授精是獭兔繁殖改良工作中最经济和最科学的一种配种方法，即不用公、母兔直接交配，而是采取假阴道将公兔精液采出，经过精液品质评定和适当的稀释处理，借助输精器械将精液输入发情母兔生殖道内的一种配种方法。

采用人工授精技术，能充分发挥优良公兔的作用，迅速改进兔群品质；减少种公兔的饲养数量，降低饲养成本；提高母兔的受胎率和产仔数；避免疾病的传播；提高经济效益。有条件的养殖场、户应尽量采用，但实施人工授精需要专门的技术人员和一些必要的仪器（如显微镜等）。

獭兔人工授精基本程序见图5-3。

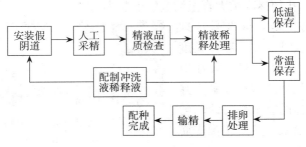

图 5-3　獭兔人工授精基本程序

38. 怎样做好獭兔采精前的准备工作？

獭兔人工授精器具目前在淘宝网上搜索，有现成的成套人工授精的器具购买，也可以自己制作。公兔的采精普遍采用假阴道。假阴道主要由外壳、内胎和集精管三部分组成。下面介绍一种简易的獭兔采精用的假阴道。

(1) 方法一　注射器法制作假阴道。

①制作材料　50 毫升大注射器、2 毫升小注射器各一个（新旧均可），1.5 毫升灭菌 Eppendorf（EP）管，刻刀，大手术剪，橡皮筋，中号气球（长 10 厘米），胶塞（500 毫升注射用生理盐水瓶），酒精灯，铅笔，刻度尺。

②制作方法

A. 第一步　将一次性 50 毫升注射器活塞及推杆一起拿掉，然后用大剪刀剪去两端，只剩下中间的圆筒部分约 9 厘米，使用刻刀在管桶的壁上钻一个小孔（全长 1/3 处较好），直径不要超过 6 毫米，然后用大剪刀的单侧刃小心扩孔，孔要圆，孔径 7 毫米。然后用剪刀修剪两端，再用酒精灯轻度烘烤直至两端平滑、略鼓，以去除棱角和毛刺，冷却待用。

B. 第二步　取出 2 毫升注射器的橡胶活塞，其尖部向上，用小剪刀在锥形表面剪一小口（1～2 毫米），接着用剪刀的单刃刺入直至将其刺穿，使破损与橡胶活塞背面中央的孔相通。将锥面旋转 180°，在对侧也剪破表面并用剪刀刺透。然后将活塞装入第一步挖出的孔中

（先调试，孔径逐次扩大直至活塞能够装入）。

C. 第三步　取 3 号气球一个，剪去其顶端（破口长度约 1 厘米），然后装入大注射器内，将气球两端开口翻出并套在注射器的管桶外，铺均匀尽量少起褶皱，然后用橡皮筋缠绕数圈直至勒紧。

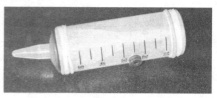

图 5-4　利用一次性注射器制作
獭兔假阴道

D. 第四步　取下大注射器的活塞，在中部挖孔直至 1.5 毫升 EP 管去盖以后的管体正好能塞紧到孔中。然后把带 EP 管的活塞接在上一步安装在大注射器的一端（任意一端都行）。至此，假阴道主体就安装好了。

E. 第五步　试水。另取一支不带针头的注射器（新旧均可），从单向阀处注入自来水和气体，检测是否漏水，无漏水漏气的可拆卸作进一步清洗，烘干备用。成品的整体效果见图 5-4。

（2）方法二　塑料管法制作獭兔假阴道。

①材料准备　内径 5 厘米的塑料水管约 9 厘米、2 毫升小注射器各一个（新旧均可），乳胶检查手套，2 毫升注射器，注射用盐水瓶的胶塞，1.5 毫升灭菌 EP 管，橡皮筋，刻刀，大手术剪，眼科剪，酒精灯，铅笔，刻度尺。

②制作方法

A. 第一步　塑料水管截取约 9 厘米，用大剪刀修整断面光滑，再用酒精灯轻烤，使边缘平滑、略鼓起。用刻刀在管桶的壁上钻一个小孔（全长 1/3 处较好），直径不要超过 6 毫米，然后使用大剪刀的单侧刃小心扩孔，孔要圆，孔径 7 毫米。然后用剪刀修剪两端平滑，再用酒精灯轻度烘烤直至孔周围平滑、无棱角和毛刺，冷却待用。

B. 第二步　然后取出 2 毫升注射器的橡胶活塞，改装成单向阀。步骤参考注射器法。

C. 第三步　取乳胶检查手套一个，剪下手指一个，两端都剪破，然后装入塑料管内，检查内套，铺均匀尽量少起褶皱，然后用橡皮筋缠绕数圈直至勒紧。

D. 第四步　取一个胶塞，把中部的孔挖通，然后装入1.5毫升EP管（或冷冻管）的管体。然后把带EP管的橡胶塞接在采精器的大塑料管一端（任意一端都行）。至此，假阴道主体就安装好了。

E. 第五步　试水。另取一支不带针头的注射器（新旧均可），从单向阀处注入自来水和气体，检测是否漏水，无漏水漏气的可拆卸作进一步清洗，烘干备用（图5-5）。

图5-5　利用塑料管制作獭兔假阴道

（3）制作假阴道的注意事项

①筒壁上开孔应靠一头，偏侧开孔有利于排水。2种集精杯可自由互换，都是正好配套的。

②孔扩的合适标准是：2毫升注射器的橡胶活塞恰好能够旋转安装进入孔中，不是很费力，而且在使用另一注射器（拔去针头的）向装好的橡胶活塞中央用力挤压以及注水注气时，橡胶活塞不会掉进孔内。其上的第二道棱起是被孔壁卡紧的，

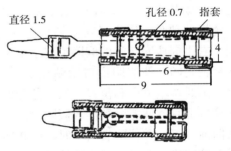

图5-6　假阴道结构图（厘米）

这才是最匹配的情况。孔一定不要挖太大，否则太松会漏气，略小于20毫升，注射器的橡胶活塞是最好的（图5-6）。

③扩孔以后对孔的最外边缘要轻轻扫边，除去明显的棱角，这样有利于快速装卸胶塞以及保护胶塞不易破损。但过多扫边也不好，易造成胶塞在孔内有朝向桶内单向前进的倾向，受推挤几次后可能会掉进管桶内。

④用橡皮筋固定气球或手套前，边缘要铺平，褶皱或不均匀也可能导致气密性不好。

⑤如果万一发现前边的制作都很好，唯一就是扩出的孔径稍大（比如胶塞容易被挤入管桶内），这时可以尝试使用酒精灯加热管壁，

管壁变软后用手指均匀压扁孔的周围（很烫，注意戴手套），也许可以避免大返工。如果还发现有压过头的地方可用剪刀再小修一下，如此反复一般就可以了。

⑥假阴道冲水、充气时可用一支 5 毫升注射器，顶住单向阀的中央，轻推即可。如果气压太高，只需在采精过程中轻轻侧向挤压采精管外壁上的活塞（略挤扁它），便可排除少量气体（但排气较快，需要经验）。

39. 怎样进行种獭兔的采精？

公兔经过用发情母兔进行采精训练之后，不论在公兔笼或者采精台上，见到"台兔"就能爬跨交配，所以在日常采精操作时，一般先把"台兔"放入公兔笼内，让公兔与台兔调情片刻，以引起性欲。当公兔性冲动时，操作者左手抓住台兔的双耳及颈皮，头向操作者固定，右手握住安装好的假阴道，小指和无名指护住集精杯，伸向台兔两后腿之间，使假阴道口紧贴在阴门下部，并稍微用力托起台兔臀部，随时调整方向和位置。当公兔开始爬跨，阴茎挺起时，只要方向和位置适宜，便能顺利插入假阴道内，公兔臀部快速抽动，当公兔突然向前一挺，并伴随尖叫声时，即蜷曲落地，倒在台兔一侧。此时表示射精完毕。然后将假阴道抽出，竖直，放气减压，使精液流入集精管，取下集精杯，送检验室检查。顺手送回台兔。这种采精方法非常简便，熟练者只要温度、压力、润滑度调节合适，几秒钟即可采得精液。

40. 怎样进行獭兔的精液品质检查？

精液品质检查在采精后立即进行，将集精杯放入 30℃ 恒温箱内，室温以 18～25℃ 为宜。检查方法分肉眼检查和显微镜检查。肉眼检查就是直接观察精液的数量、色泽、浑浊度和气味等。正常公兔精液呈乳白色，不透明，有的略带黄色，其颜色深浅与浑浊度原则上与精子浓度成正比。每次射精量 0.5～1.5 毫升。新鲜的精液一般无臭味，如果混有尿液时则会有腥味。

显微镜检查，就是用乳头吸管吸取少许精液滴于载玻片上，轻轻盖好盖玻片，放在显微镜的载物台上，用 $100\sim150$ 倍以上的显微镜进行观察，检查的主要指标有以下几个方面。

精子的活力：精子的活力愈强，受胎率则愈高，产仔数也较多。所以鉴定精子活力的大小是评定公兔种用价值的重要指标。一般是根据其精子所占三种活动方式（直线运动、旋转运动和摇摆运动）的比例来进行评定。在实际工作中，精子活力要达到 0.6 以上，才可用于输精。精子活力达 0.6 以上的评定标准是：直线运动的精子≥60%，摇摆、旋转和其他运动方式的精子≤40%。

精子的密度：评定公兔精子密度时，多采用两种方法，即估测法和记数法。估测法是直接观察显微镜视野中精子稠密程度。稠密的精子布满整个视野；中等密度的精子在视野中精子之间有一定空隙；稀薄的精子在视野中零星分布（图 5-7）。此法广为采用，但要求估测者有一定的经验。记数法是借助于生理学上常用的血细胞计数器计数，然后计算出每毫升精液所含精子的数量。

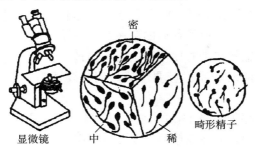

图 5-7　精子的密度和畸形精子

精子的畸形率：即精液中畸形精子所占的比例，精子的畸形率对母兔的受胎率有直接影响。检查之前须经染色、固定，然后再在显微镜下观察。检查时先统计精子总数，再计算畸形精子数，然后把结果代入下列公式求出畸形率。

$$畸形率（\%）=\frac{畸形精子数}{精子总数}\times100\%$$

41. 怎样进行獭兔的精液稀释？

獭兔一次能射精 0.5～1.5 毫升，精液中精子浓度很大，每毫升精子中有 2 亿～10 亿个精子。为了增强精子的生命力、延长精子存活时间、便于保存和运输、更好地发挥优良种公兔的作用，增加配种只数，因此采精后要立即稀释。把采得的精液经过特制的稀释液稀释之后再用于输精。一次采得的精液不仅能给许多母兔输精，更重要的是稀释液可供给精子养分和中和副性腺分泌物对精子的有害作用，并能缓冲精液的酸碱度，为精子创造适宜的外界环境，增强精子生命力和延长存活时间。

常用稀释液有 7％的葡萄糖溶液和 11％的蔗糖溶液等。配制方法：分别取化学纯葡萄糖 7 克或者化学纯蔗糖 11 克，放进量杯中，将蒸馏水加到 100 毫升，轻轻搅拌，使其充分溶解，然后过滤到三角烧杯中，加盖密封。煮沸和蒸汽消毒 10 分钟，而后待温度降到 30～35℃时，加进适量抗生素类物质，在室温 20～25℃环境中，按 1：（3～5）的比例将稀释液沿集精管壁缓慢地倒入精液中，稍加振荡，使之逐渐混合。然后取稀释后的精液在显微镜下检查，观察其活力有无变化，符合输精要求时便可开始用于输精。

配制稀释液时药品称量要准确。用具要清洁、干燥，事先灭菌消毒。

精液要贮存于阴暗干燥的地方，室温以 0～5℃最好。如果稀释精液暂时不使用，应该在精液上面覆盖一层中性液体石蜡，再用塞子塞紧，管口封蜡保存。

42. 给獭兔输精前怎样刺激其排卵？

獭兔属于刺激性排卵动物，一般是在交配或性刺激 10～12 小时后开始排卵。所以，在给母兔输精之前应先作刺激排卵的处理，这样才能达到受精怀胎的目的。排卵刺激方法有：

①交配刺激排卵法　就是利用结扎输精管而失去受精能力的公兔

与准备受精的母兔交配，然后再予输精。也可以在公兔腹下系一个围裙，使公兔爬跨母兔，但不造成本交，达到刺激排卵的目的。

②激素促排　常用的有人绒毛膜促性腺激素（HCG），每兔静脉注射 50 国际单位，或促黄体素（LH）50 国际单位。在注射后 6 小时内输精。若用激素（如 HCG 和 LH）作排卵刺激的连续多次，则母兔受胎率有下降的趋势甚至不能受胎。

43. 怎样进行獭兔的输精？

一般兔输精可以在淘宝网上购买兔专用输精器，也可以借助羊的输精器（图 5-8）。一种方法是将母兔腹部向上，将输精管弯头向背部方向轻轻插入 6～7 厘米，然后慢慢将精液注入。而后用手轻轻捏外阴部，以增加母兔快感，同时加速阴道的收缩，避免精液倒流。

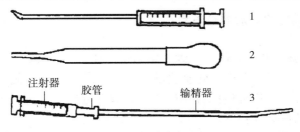

图 5-8　獭兔输精主要器具

另一种方法是由一人把母兔保定，另一人提起兔尾，将输精器弯头向背部方向插入阴道 6～7 厘米，将精液慢慢注入。

输精成功的关键是输精部位要准确，由于母兔膀胱在阴道 5～6 厘米深处的腹面开口，而且孔径较大。所以，在插输精管时，极易将其插入尿道口，而将精液输入膀胱。输精时要使输精器前端紧靠背部插入到 6～7 厘米深处，待越过尿道口后，再将精液输入两子宫颈口附近，使其流入子宫。但也不宜插入过深，否则易造成母兔一侧子宫妊娠（图 5-9）。

一般情况下，母兔一次输精量为 0.3～0.5 毫升，输入的活精子数理论上为 1 000 万～3 000 万个。

输精时要严格消毒，无菌操作。输精管要在吸取精液之前，先用

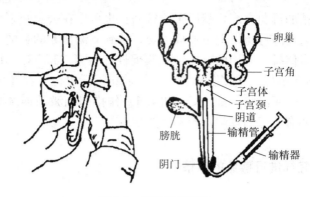

图 5-9　獭兔输精部位

35～38℃的消毒液或稀释液冲洗 2～3 次，再吸入定量的精液输精。同时，母兔的外阴部要用 0.9％盐水浸湿的纱布或棉花擦拭干净。

44. 獭兔的妊娠期是多长？

獭兔的妊娠期为 30～31 天。变动范围在 29～34 天。妊娠期的长短因品种、年龄、营养、胚胎数量等情况不同而异。一般大型品种比小型品种长，老年母兔比青年母兔长，营养健康状况好的比差的长，怀胎数少的比多的长。

45. 怎样判断獭兔配种后是否进入妊娠期？

母兔配种后，应尽早进行妊娠检查，以便对獭兔进行分类饲养管理，未孕母兔及时配种。妊娠检查有以下几种方法。

（1）外观法　母兔妊娠后，可见食欲增加，采食量增加，配种后 15 天左右，妊娠母兔体重明显增加，毛色光亮，腹围增大，下腹突出。

（2）称重法　即在母兔配种之前和配种 12 天之后分别称重，看两次体重的差异。由于胎儿在前期增长很慢，胎儿及子宫增加的总重量不大，母兔采食多少所增减的重量远比母兔妊娠前期的实际增重大，因此称重法很难确定是否妊娠。而且，称重也较烦琐，故应用价值较小。

（3）**试情法** 在配种后5～7天，把母兔放在公兔笼中，如接受交配，认为空怀，如拒绝交配，便认为已孕。此种方法检查准确性较差。因为如果母兔交配后未孕，5～7天也不一定发情，而且已经妊娠的母兔还有可能接受交配。试情法检查也比较危险。因为妊娠的母兔在与公兔接触时，可能发生咬斗现象。

（4）**摸胎法** 是用手指隔着母兔腹壁触摸胚胎检查妊娠的方法。一般从母兔配种后8～10天开始，最好在早晨饲喂前空腹进行。将母兔放在一个平面上，左手抓住颈部皮领，使之安静，兔头朝向操作者。右手的大拇指与其他四指分开呈"八"字形，手心向上，伸到母兔后腹部触摸，未

图5-10 獭兔摸胎诊断方法

孕的母兔后腹部柔软，妊娠母兔可触摸到似肉球样、可滑动的、花生米大小的胚泡（图5-10）。

摸胎应注意如下问题：①8～10天的胚泡大小和形状易与粪球混淆，应注意区分。粪球表面硬而粗糙，无弹性和无肉球样感觉。分散面较大，并与直肠宿粪相接。不随妊娠时间的长短而变化。②妊娠时间不同，胚泡的大小、形态和位置不一样。妊娠8～10天，胚泡呈圆形，似花生米大小，弹性较强，在腹后中上部，位置较集中；13～15天，胚泡仍是圆形，似小枣大小，弹性强，位于腹后中部。18～20天，胚泡呈椭圆形，似小核桃大小，弹性变弱，位于腹中部。22～23天，呈长条形，可触到胎儿较硬的头骨，位于腹中下部，范围扩大。28～30天，胎儿的头体分明，长6～7厘米，充满整个腹腔。③不同胎次，胚泡也不相同，一般初产胚泡稍小，位置靠后上，经产兔胚泡稍大，位置靠下；大型兔胚泡较大，中小型兔胚泡小些，而且腹部较紧，不易触摸，应特别注意。④摸胎最好空腹进行，将兔放在一个平面上，平面不要光滑，也不应有锐物。应在兔安静状态下进行。如兔

挣扎，立刻停止操作，待平静下来后再摸，一旦确定妊娠，便按妊娠兔管理，不宜轻易捕捉或摸胎。

摸胎应在母兔空腹时进行，操作者要熟悉兔腹腔各脏器的位置，尤其是子宫的位置。检查时不要将母兔提离地面悬空，摸胎动作要轻而缓慢，切忌粗鲁，以免造成流产。

46. 对于长期不发情或处于乏情期的母兔怎样进行人工催情?

应首先分析乏情原因，有针对性的采取如下催情措施。

(1) 激素催情 如孕马血清促性腺激素（PMSG），大型獭兔80～100 国际单位，中小型獭兔每只 50～80 国际单位，一次肌内注射，一般次日后即可发情配种；卵泡刺激素（FSH）50 国际单位，一次肌内注射；三合激素 0.75～1 毫升，一次肌内注射，一般 2～3天就可发情配种。促排卵激素（LRH-A）5 微克，一次肌内注射，立即配种。

(2) 药物催情 每只日喂维生素 E 1～2 丸，连续 3～5 天；中药"催情散"，每天 3～5 克，连续 2～3 天，中药淫羊藿，每日 5～10克，均有较好的催情效果。

(3) 挑逗催情 将乏情母兔放到公兔笼内，任公兔追赶、啃舔和爬跨，1 小时后取走，约 4 小时后检查，多数有发情表现；否则再重复 1～2 次。

(4) 按摩催情 用手指按摩母兔外阴，或用手掌快节律轻拍外阴部，同时抚摸其腰荐部，每次 5～10 分钟，4 小时后检查，多数发情。

(5) 外涂催情 以 2％的医用碘酊或清凉油涂擦母兔外阴，可刺激母兔发情。

(6) 外激素催情 将母兔放入公兔的隔壁笼内或将母兔放入饲养过公兔的笼内。公兔释放的特殊气味可刺激母兔发情。

(7) 光照催情 在光照时间较短的秋冬季，实现人工补光 14～16 小时，可促母兔发情。

47. 獭兔分娩过程是怎样的？

多数母兔在临产前 3～5 天，开始衔草做窝。也有一些初产母兔不衔草、不做窝。母兔临产前 3～5 天乳房开始肿胀，并可挤出少量乳汁。外阴部肿胀充血，食欲减退，甚至绝食，在临产前数小时或 1～3 天，开始衔草絮做窝并将胸前、腹部的毛用嘴拉下，衔到窝内絮好。母兔的拉毛与泌乳有直接关系，拉毛早泌乳早，拉毛多则泌乳多。

母兔产仔多在夜间进行。产仔时母兔多呈犬坐姿势，一边产仔一边咬断脐带，吃掉胎衣，舐干仔兔身上的血迹和黏液。一般产仔需 20～30 分钟，但也有个别母兔在产出一批仔兔后间隔数小时再产下第二批仔兔，所需时间要长一些。

母兔分娩结束后，因失水较多，口渴难耐，跳出产箱，寻找饮水，如果此时喝不到水，有的就会跳回产箱，啃食仔兔。

母兔在分娩时，应保持环境安静，避免打扰和惊动。如遇惊动，母兔可能会停止分娩，跳出产箱，造成难产或死胎，拒绝哺乳造成初生仔兔得不到哺育而死亡，也给后期管理工作带来不便。

48. 怎样进行獭兔的人工催产？

母兔产仔不顺利即需要进行催产处理，如妊娠期已达到 32 天以上，还没有任何分娩的迹象；有的母兔由于产力不足，不能在正常时间内分娩结束；母兔怀的仔兔数少（1～3 只），在 30 天或 31 天没有产仔，唯恐仔兔发育过大而造成难产；个别母兔有食仔恶癖，须在人工监护下产仔；冬季繁殖兔舍温度较低，母兔若夜间产仔，仔兔可能被冻死，需要人工护理，此时有必要进行人工催产。因为妊娠期超过时间越长，母体胎盘逐渐老化，不能供给胎儿足够的营养，导致胎儿窒息死亡。同时，死胎不能排出体外，发生腐烂，极易引起母兔发生中毒死亡。常用的人工催产方法有激素催产和诱导分娩两种。

（1）激素催产 如因胎位不正而造成母兔难产，不能轻易采用激素催产，应将胎位调整后再行激素处理。选用人工催产素（脑垂体后叶素）注射液，每只母兔肌内注射 3～4 国际单位，约 10 分钟便可产仔。催产素可刺激子宫肌强直收缩，用量一定要得当。应根据母兔的体型、仔兔数的多少灵活掌握。一般母兔体型较大和仔兔数较少者适当加大用量，体型较小和胎儿数较多者应减少用量。激素催产见效快，母兔的产程短，要注意人工护理。

（2）诱导分娩 所谓诱导分娩，是通过外力作用于母兔，诱导催产激素的释放和子宫及胎儿的运动，而顺利将胎儿娩出的过程。按程序分以下 4 步：

①拔毛 将妊娠母兔轻轻取出，置于干净而平坦的地面或操作台上，左手抓住母兔的耳朵及颈部皮肤，并使之翻转身体，腹部向上，右手拇指和食指及中指捏住乳头周围的毛，一小撮一小撮地拔掉。拔毛面积为每个乳头 12～13 厘米^2，即以乳头为圆心，以 2 厘米为半径画圆，拔掉圆内的毛即可。

②吮吸 选择产后 5～10 天的仔兔 1 窝，仔兔数 5 只以上（以 8 只左右为宜）。仔兔应发育正常，无疾病，6 小时之内没有吃奶。将这窝仔兔连同其巢箱一起取出，把待催产并拔好毛的母兔放入巢箱内，轻轻保定母兔，防止其跑出或踏蹬仔兔。让仔兔吃奶 5 分钟，然后将母兔取出。

③按摩 用干净的毛巾在温水里浸泡，拧干后以右手拿毛巾伸到母兔腹下，轻轻按摩 0.5～1 分钟，同时手感母兔腹壁的变化。

④护理 将母兔放入已经消毒和铺好垫草的产箱内，仔细观察它的表现。一般 6～12 分钟母兔即可分娩。由于母兔分娩的速度很快，来不及一一认真护理其仔兔。因此，如果天气寒冷，护理人员可将仔兔口鼻处的黏液清理掉，用干毛巾擦干身上的羊水。分娩结束后，清理血液污染的垫草和被毛，换上干净的垫草，整理产箱，将拔下来的被毛盖在仔兔身上，将产箱放在较温暖的地方。另外，给母兔备好饮水，将其放回原笼，让其安静休息。

49. 獭兔进行诱导分娩应注意什么问题？

（1）诱导分娩必须查看配种记录和妊娠检查记录，并再次摸胎，以确定母兔的妊娠期。

（2）诱导分娩是母兔分娩的辅助手段，在迫不得已的情况下才采取。因此，不可不分情况随意采用，因诱导分娩过程对母兔是一种应激，而且其第一次的初乳被其他仔兔所食，这样对其仔兔有一定的影响。

（3）诱导分娩见效快，有时仔兔还在吃奶或吃奶刚刚结束便分娩，有时在按摩时便开始产仔，而且产程比自然分娩的时间短，必须加强护理。

（4）诱导分娩是通过仔兔吮吸母兔乳汁和刺激乳头，反射性地引起脑垂体释放催产素而作用于子宫肌，使之紧张性增加，与胎儿相互作用而发生分娩。因此，仔兔吮吸刺激的强度是诱导分娩成功的先决条件。按摩时要注意卫生和按摩强度。

50. 獭兔的繁育体系包括哪几种类型的兔场？

獭兔的繁育体系是指配套的繁育组织和制度。根据我国獭兔生产的现状和发展趋势，以及育种工作的性质和任务，繁育体系应包括三种类型的兔场。

（1）育种兔场（原种场）　其主要任务是负责对引进的种兔进行选育提高，提高现有品种的生产性能，培育新品种，繁殖和培育优良种兔供给繁殖兔场使用。育种场应由最优秀的纯种个体组成。场内全部种兔都应定期进行全面鉴定，有计划进行选育提高。育种场要求设备齐全，条件优越，技术力量强，有较高的管理水平和技术水平，并有一套完整的技术措施和组织措施。育种场的规模宜小不宜大，具有一定数量的基础母兔，年产一定批量种兔即可。

（2）繁殖兔场　其主要任务是从育种场引进种兔，扩大繁殖，以满足各单位或养兔户对种兔的需要。繁殖兔场应采取纯种繁育的方法繁殖纯种兔。繁殖兔场一般可建在饲养獭兔比较集中的市、县，规模可超过育种兔场，而且可选购数个品系进行饲养。该场饲养管理和经营方式必须符合种兔场的要求。也可根据兔群情况，建立起本场的繁育体系（核心群、生产群和淘汰群等）。

（3）**商品兔场** 其任务是以最低的成本，生产出品质好、数量多的獭兔产品。根据獭兔生产的特点，应采用自繁自养形式，大量繁育商品兔，不能随意杂交，以免毛色很杂，性状分离，兔产品质量降低。

51. 什么是獭兔的纯种繁育？

纯种繁育简称纯繁，就是指同一品种或品系内的公、母兔进行配种繁殖与选育，目的在于保存和提高与亲本相似的优良性状，淘汰、减少不良性状出现的频率。纯种繁育适用于地方良种的选育和提高、保种及引入品种的繁育。

近年来，我国已从美国、德国、法国引进不少具有不同特征、色型的獭兔良种，为了保持、提高这些外来良种的优良性能和扩大兔群数量，必须采用纯种繁育。通过纯繁，增强其适应性，保持其纯度，同时通过选种选配提高其质量，使其在生产和育种工作中发挥更大的作用。

在引入品种的选育中应采取集中饲养，慎重过渡，逐步推广等措施，以发挥引入品种的良种作用。

52. 什么是獭兔的品系繁育？

所谓品系，就是来自相同祖先，一般性状良好，而某一项或几项性状表现突出，外貌相似的后代群。对獭兔而言，通常把每一种毛色的獭兔或不同国家的獭兔称为一个品系。可以根据不同毛色、皮毛质量、体型、生长发育、繁殖性能等特点进行选育，形成具有不同优良性状的小群，然后进行品系间杂交。这就可能在后代中综合不同小群的优良性状而提高獭兔品质。品系繁育的方法，目前常用的主要有系祖建系、近交建系和表型建系三种。

53. 什么是獭兔的杂交繁育？

杂交繁育是通过不同品种或品系之间的公、母兔的交配，来提高兔群品质的一种育种方法。这是一种全面改良兔群性状，改良遗传结构，迅速提高某些低产种群生产性能和创造新品种的繁育方法。目前生产中常用的有如下几种：

（1）经济杂交 采用两个或三个品种（或品系）的公、母兔交配，目的是利用杂种优势，即后代的生产性能和繁殖力等都可能不同程度地高于双亲的平均值，以提高生产兔群的经济效益。在獭兔生产中，采用经济杂交时，要认真考虑杂交亲本的选择，杂交亲本必须是纯合个体。还要根据毛色遗传规律，掌握毛色的显性基因与隐性基因的作用关系，切忌无目的和不按毛色遗传规律进行杂交，获得杂色毛。

一般在经济杂交之前，应进行杂交组合试验，证明某组合是可行的，方可进行规模化杂交。

（2）育成杂交 主要用于新品种（或新品系）的培育。世界上的獭兔品系几乎都是用这种方法育成的。根据杂交过程使用的品种数量，又可分为简单育成杂交和复杂育成杂交。通过两个品种杂交以培育新品种的方法，为简单育成杂交。通过三个以上品种杂交培育新品种的方法为复杂育成杂交。育成杂交一般分三个阶段，即杂交创新阶段、横交固定阶段和扩群提高阶段。

（3）引入杂交 对个别地方不理想，有某些缺点需要改进时，选择理想的公兔和这个品种的母兔进行杂交改良，从杂交一代中选择最优秀的公兔与被改良母兔交配，最优秀的母兔与被改良公兔交配，对它们的杂交后代再进行自繁。

54. 影响獭兔繁殖力的环境因素有哪些？

一切作用于獭兔机体的外界因素，统称为环境因素，如温度、湿度、气流、太阳辐射、噪声、有害气体、致病微生物等。

环境温度对獭兔的繁殖性能有较为明显的影响。超过 30℃，即引起公兔食欲下降、性欲减低。如果持续高温，可使公兔睾丸中精子生成受阻，精液品质恶化，精子活力下降，密度降低，精子畸形率提高。高温可影响公兔性欲，高温过后能很快恢复，但精液品质的恢复则需要两个月左右的时间。因为精子的产生到精子的成熟排出需要一个半月时间。这就是獭兔立秋后天气虽然凉爽，母兔虽然发情，则不易受胎的主要原因。所以，立秋后必须对种兔进行半个月的营养补饲。低温寒冷对家兔繁殖也有一定影响。由于獭兔要增加自身产热御寒，消耗较多的营养，低于5℃就会使獭兔性欲减退，影响繁殖。

致病微生物往往伴随着温度和湿度对家兔的繁殖产生影响。因为獭兔喜干厌湿、喜净厌污。潮湿污秽的环境，往往导致病原微生物的滋生，引起肠道病、球虫病、疥癣病的发生，影响獭兔健康，从而影响獭兔的繁殖。

强烈的噪声、突然的声响能引起獭兔死胎或流产，甚至由于惊吓使母兔吞食、咬死仔兔或造成不孕。严寒的冬季贼风的袭击易使獭兔感冒和肺炎，炎热的夏天太阳辐射易使獭兔中暑，这些都是影响獭兔繁殖的不良因素。

55. 影响獭兔繁殖力的营养因素有哪些？

种用母獭兔并不是体况越好繁殖力越高，而是中等偏上体况为佳。一般来说，高营养水平往往引起獭兔过肥，过肥的母兔卵巢结缔组织沉积了大量脂肪，影响卵细胞的发育，排卵率降低，造成不孕。营养水平过低或营养不全面，对獭兔的繁殖力也有影响。因为獭兔的繁殖性能很大程度上受脑垂体机能的影响，营养不全面直接影响公兔精液品质和母兔脑垂体的机能，分泌激素能力减弱，使卵细胞不能正常发育，造成母兔长期空怀不孕。

56. 影响獭兔繁殖力的生理缺陷和生殖系统疾病有哪些？

种兔生理缺陷和患有生殖系统疾病会严重影响其繁殖力。

（1）公兔常见的生殖系统缺陷和疾病

①睾丸发育不全　两侧睾丸缺乏弹性、缩小、硬化，生殖上皮活性下降，从而影响精子的形成和品质。

②公兔的隐睾和单睾　因为隐睾或单睾不能使公兔产生精子，或

者产生精子的能力较差，配种不能使母兔受胎或受胎率不高。

③其他疾病　如密螺旋体病或脚皮炎，咬伤生殖器等均可引起局部炎症或疼痛，从而影响公兔的性欲与正常配种。

（2）母兔生殖系统缺陷和疾病

①卵巢或子宫发育不全均会明显影响卵泡的发育和成熟，继而影响母兔的发情与配种。

②卵巢囊肿　引起母兔内分泌功能失调，影响卵泡的成熟和排卵。

③母兔产后子宫内留有死胎及阴道狭窄，患有子宫炎、阴道狭窄、阴道炎、输卵管炎等都是影响母兔繁殖的因素。

57. 种兔使用不当有哪些情况？

（1）母兔长期空怀或初配年龄过迟，往往产生卵巢机能减退，妊娠困难。

（2）种兔经过夏季的休闲期，长时间不交配，可能出现短暂的不育现象，此种情况经过1～2个月时间的配种就可消除。

（3）公兔长期不配种或过夏后的公兔有很多死精子及畸形精子，首次配种后要注意至少复配2次。

（4）种公兔使用频率过高而没有注意让种公兔适当休息，使公兔消耗过多的精力而造成公兔早衰，降低母兔的受胎率和产仔率。

（5）种兔的年龄明显地影响其繁殖性能。1～2岁的公、母兔随着年龄的增长，繁殖性能提高，2岁以后，繁殖性能逐渐下降，3年后一般繁殖能力低下，不宜再作种用。

58. 提高獭兔繁殖力的措施有哪些？

（1）确定合适的公、母比例　俗话说，公兔好好一坡，母兔好好一窝。要严格选择符合种用标准的公、母兔留种。要求公兔体重3.5千克以上，7～8月龄以上，睾丸对称，雄性强；母兔体重3.5千克上下，6月龄以上，乳头数至少4对；品系特征明显，毛色纯正，无杂毛，被毛短、密、平整，毛长 1.3～2.2 厘米。要保持适当的公、母比例，一般商品兔场和农户，所养公兔和母兔的比例以 1：（8～10）为宜，种兔场纯种繁殖以 1：（5～6）为宜，采用人工授精的以 1：（80～120）为宜。

（2）正确采用频密繁殖法　频密繁殖又称"配血窝"或"血配"。母兔膘情好可在产后 10 小时配种，一般母兔能连续"血配" 4 窝，若膘情不好，可在产后 14 天早上配种，这样年可繁殖 8～10 窝，平均产仔 60 只左右。在加强饲养管理的基础上，频密繁殖方法对母兔和仔兔无不良影响，尤其对低产母兔，还可提高产仔数，避免了经一年培育的母兔因低产而被淘汰的损失。采用此法，虽可提高母兔的繁殖速度，但由于其哺乳和妊娠同时进行，易对母兔造成伤害，致使母兔利用年限缩短，自然淘汰率高。因此，采用频密繁殖法生产商品兔时，一定要用优质饲料满足母兔和仔兔的营养需要。一般母兔每天补给全价混合精料 150 克，仔兔 17 天开食并上笼，每天补给 25 克颗粒料，24 小时喂一遍奶，27 日龄一次性断奶。此外，对母兔定期称重，发现母兔体重明显下降，膘情低于七成时。要立即停止血配。在生产中，应根据母兔体况和饲养条件，交替采用频密繁殖法、半频密繁殖法（产后 7～14 天配种）和延期繁殖法（断奶后再配种）。每年每只母兔平均可多产仔 15 只左右。

（3）重复配种和双重配种　重复配种是指母兔在第一次配种后，相隔 10 小时再用同一只公兔配 1 次。第一次交配的目的是刺激母兔排卵，第二次交配的目的是提高母兔受胎率和产仔数，第一次交配后，把母兔抱出公兔笼，在母兔臀部连续拍打两三次后送回原笼，防止母兔努责导致精液外流。双重配种是指用两只无血缘关系的公兔分别与一只母兔交配 1 次，中间相隔 10 分钟。第一次交配后，及时把母兔抱回原笼，待第一只公兔气味消失后，再与第二只公兔配种，否则易发生争斗而咬伤母兔，双重配种仅适用于商品兔生产。双重配种可明显提高母兔的受胎率和产仔数。

（4）做好乏情母兔的催情配种　对乏情母兔，要在改善饲养管理条件、根治生殖系统疾病和减少应激的基础上，实施诱导催情和人工强制交配的方法配种。

（5）选择最佳配种时机 性成熟的獭兔在环境和营养条件有利的情况下，卵泡是连续不断地成熟，但成熟的卵子在发情期间并不主动排出，存在着发情不一定排卵、排卵不一定发情的现象，只有在公兔交配刺激或用性激素处理后的8～12小时期间才排卵。因此，獭兔必须采用间隔8～12小时重复交配的方法配种，才能有效提高受胎率和产仔率。配种时机选在母兔发情中期较好，此时母兔阴部大红，肿胀2倍，黏液多且阴部湿润。种公兔交配后休息3天，使其保持较好的配种能力和精子活力。

（6）防止过早初配和近亲繁殖 獭兔一般是3～4月龄性成熟，6～9月龄体成熟，初配年龄应确定在体成熟之后。而农村不少养殖户在3～4月龄就让獭兔自由交配，不仅影响獭兔的正常发育，而且后代个体小，体质弱，母兔泌乳量少。仔兔的哺乳量不足，生长发育慢，发病多，死亡率高。目前，农村常在同一窝仔兔中选留种兔，用来扩大繁殖，或者一群母兔及其后代长期用1～2只公兔配种繁殖，这种近亲繁殖的现象比较严重，造成后代个体小、生长慢、抗病力低、死亡率高、一代不如一代。因此，农村养兔必须采取饲养户之间互相串换公兔的方法，或者到种兔场购进种公兔。

（7）加强冬、春两季饲养管理 冬季重点抓营养、光照、温度、运动、通风，备足饲料，光照不低于14小时，温度保持在5～8℃，公兔每周运动2～3次，每次1～2小时，常年运动，户外吸收新鲜空气，冬季产箱内草一定要充实，防止仔兔受凉，仔兔产箱受凉，上笼发病即死亡。夏季重点抓防暑。温度不能超过30℃，可用凉水浸透2块红砖，用塑料布包上，放在笼内，兔自然趴上，可防暑，配合地面洒水，加遮阳棚，加强通风。

（8）加强妊娠、哺乳期母兔的饲养管理 俗话说，养兔先抓料，越抓越有效。母兔的妊娠期是31天，在妊娠的第1～12天，妊娠母兔应该以青饲料为主，精饲料为辅；妊娠第13～25天是獭兔胚胎发育旺盛期，应以含高蛋白、高脂肪和矿物质的精饲料为主，辅之以青绿多汁饲料，并给予充足的饮水，以保证仔兔出生后有充足的初乳，防止母兔因口渴而吃仔兔，对哺乳母兔要饲喂全价饲料，并补充青绿饲料。

第六章 獭兔的营养需要及饲料配合

59. 为什么说能量是獭兔最重要的营养需要？

獭兔的各种生命活动，都需要能量。能量主要来源于食入饲料中的碳水化合物、蛋白质和脂肪。

獭兔能量的需要根据其生理状态的不同特点，可分为维持需要和生产需要，獭兔的生产需要可分为生长需要、妊娠需要、泌乳需要和产毛皮需要（图 6-1）。同其他动物一样，獭兔用于维持的能量损失与代谢体重和生理状态有关。獭兔的个体虽小，

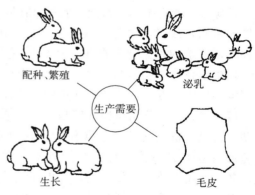

图 6-1 獭兔的生产需要

但其代谢旺盛，体表面积相对于大家畜要大，单位体重散热量高。因此，其基础代谢耗能较高。据测定，生长兔每千克代谢体重需要可消化能 920～1 004 兆焦。

不同能量水平对獭兔日增重影响均达显著或极显著水平。能量水平对獭兔屠宰率和半净膛重影响不显著，但对屠体重、水分、脂肪含量差异、全净膛和眼肌面积影响显著；能量水平对兔肉的物理性状影响很小，但对兔肉的化学成分影响很大，其中兔肉的脂肪含量有随着日粮能量水平升高而体内沉积量增大的趋势。日粮中能量高低对獭兔

的采食量有调节作用，高能量有利于提高饲料的利用率，同时日粮的能量水平对獭兔的屠宰性能也有不同程度影响，饲喂消化能为10.98～11.17兆焦/千克的饲料，有利于提高青年獭兔的生长速度和饲料利用率，也有利于改善獭兔的屠宰率。在蛋白质浓度适宜的条件下，能量的高低直接影响獭兔的生长速度。断奶至2月龄和2～3月龄生长獭兔日粮适宜消化能水平最佳值是10.46兆焦/千克。

要针对獭兔不同品种、不同生理状态控制合理的能量水平，保证獭兔健康，提高生产性能。

60. 獭兔对饲料中蛋白质及氨基酸中的需求如何确定？

蛋白质是一切生命的物质基础，是有机体的重要组成成分，在獭兔的生产和生理过程中具有极其重要的作用。蛋白质的缺乏不仅会影响獭兔的生长繁殖，而且会导致其皮毛品质下降。饲料蛋白质的主要营养作用是在以氨基酸的形式吸收进入体内后，用以合成獭兔自身所特有的蛋白质和其他活性物质（如激素、嘌呤、血红素、胆汁酸等）。这些功能是其他营养物质所不能代替的。

獭兔要不断地从饲料中摄入蛋白质，在消化道中分解成氨基酸而被吸收，合成獭兔自身的蛋白质，满足其不断更新、生长发育和生产的需要。已有研究表明，赖氨酸和蛋氨酸对獭兔的皮毛质量有相当重要的作用。

饲料的化学组成、饲料种类、日粮粗蛋白含量和獭兔的年龄等都会影响蛋白质的消化率。獭兔饲料中限制性氨基酸赖氨酸、蛋氨酸和苏氨酸的消化率变化范围分别为67%～81%、72%～79%和67%～77%，而且总蛋白质消化率与单一的氨基酸消化率之间呈正相关。研究表明常规饲料中的赖氨酸、蛋氨酸和苏氨酸的消化率分别为74%、71%和63%，而獭兔对各种饲料粗蛋白的消化率也不尽相同，苜蓿干草粉、大麦、黄玉米、小麦麸分别为72%～83%、85%、84%和83%。

不同饲养期的獭兔对蛋白质和氨基酸的营养需要量是不一致的。獭兔日粮中蛋白质水平量大致为：生长期16%，维持期13%，妊娠期 16％，泌乳期 18％。随着日粮中粗蛋白水平的提高，獭兔的体重有明显的增加，獭兔 3、4、5 月龄的全净膛屠宰率和皮张面积有随之提高而增加的趋势；通过分析表明在蛋白质水平为 16.5％～18.2％时，獭兔有较高的增重。白云峰等（2004）选择同期分娩的泌乳母兔，通过饲喂不同蛋白质水平的日粮来研究其对母兔泌乳性能、生长獭兔体重和被毛密度的影响，结果表明，随着日粮蛋白质水平的提高，母兔的泌乳量增加，仔兔的断乳成活率、断乳窝重和断乳体重提高；生长獭兔增重速度加快，被毛密度增加；因此推测泌乳母兔和生长獭兔日粮的适宜蛋白水平为 16％～17.5％。日粮蛋白质为 17.4％～19.36％对生长獭兔的日增重无显著影响，这可能与蛋白质消化吸收分解成氨基酸间的平衡有关。合理搭配饲料在保障蛋白质营养供应的同时，应避免蛋白质营养的过剩。

当獭兔赖氨酸的日采食量达到 0.686 克时，增重效果最佳；采食量为 0.689 克时，饲料转化效率最高；以平均日采食量 93.71 克计，饲粮赖氨酸水平应为 0.73％，可达到最佳生长效果。日粮中添加赖氨酸应参照獭兔饲养标准，添加量应为 0.2％，即每千克日粮中添加 2 克赖氨酸，可提高增重和饲料转化率。

61. 为什么要保证獭兔饲料中含有一定量的粗纤维？

獭兔是草食动物，盲肠中有大量微生物，能很好地分解粗纤维，将其变成挥发性脂肪酸的形式吸收。与其他草食动物相比，獭兔对饲草中的粗纤维消化能力较低，但对干物质的消化率并不低，这说明獭兔对干物质中的其他养分，如粗蛋白质、粗脂肪和淀粉等的消化率要高于其他草食动物。然而，粗纤维是獭兔的必需营养物质。日粮中添加适量的粗纤维，对保证獭兔正常的生长发育和预防肠道疾病有重要作用。其生理意义在于：①青饲料中粗纤维可为獭兔提供一定营养作用；②可预防毛球病，将獭兔吞咽下的兔毛从胃里带至肠管而排出体外；③可维持獭兔正常的消化、吸收机能，预防胃肠道疾病。

粗纤维除作为獭兔的能量来源外，还是平衡日粮组成不可缺少的成分。它调节食糜稠度，有助硬粪形成，使消化代谢物正常蠕动排泄。粗纤维含量过低会使獭兔消化紊乱，出现腹泻和肠炎；但纤维含量过高会降低饲料的消化率。獭兔日粮适宜的粗纤维水平推荐量：生长期 10%～20%、妊娠期 10%～20%、泌乳期 10%～12%、维持期 14%。

大量试验表明，生长兔粗纤维含量超过 15% 时，生长率下降。当粗纤维水平由 12% 增加到 16% 时，饲料转化率相应下降了 31.7%。随着日粮中粗纤维增加，干物质、有机物、能量、无氮浸出物和纤维素的表观消化率均下降。粗纤维在 10%～13% 范围内每增加 1%，能量消化率下降 1.50%～4.55%。在能量和粗蛋白质适宜的条件下，粗纤维含量在 10%～14% 时，随着粗纤维含量的增加，獭兔腹泻病的发生率和死亡率降低。

日粮纤维品质对生产性能的影响，随着日粮中木质素/纤维素的下降导致采食量、日增重显著下降，而死亡率和发病率则显著升高；当粗纤维含量适宜时，每天采食大约 6 克的木质素能保证獭兔有较理想的生长性能和健康状况。

日粮纤维虽能够提供一定量的能量、增加动物的采食量，保持正常的消化生理，但过多的粗纤维可影响动物对其他营养成分的消化、降低生产性能。

62. 獭兔饲料中添加脂肪的作用是什么?

脂肪是组成兔体组织的重要成分，具有供能、贮能的作用，可以提供獭兔必需脂肪酸，是脂溶性维生素及激素的溶剂。

饲料中加入 2%～5% 脂肪，有助于提高适口性，增加采食量，对獭兔生长有促进作用。饲料中脂肪不足影响其适口性，导致獭兔发育不良、机体消瘦、脂溶性维生素缺乏、公兔精子发育不良、母兔受胎率下降；但饲料中脂肪过量则会导致獭兔腹泻甚至死亡。獭兔日粮中粗脂肪的需要量为 2%～3.5%。有研究表明，日粮中添加一定数量脂肪可以提高日粮蛋白质的消化率和改善饲料的转化效率。

獭兔能较好地利用植物性脂肪，对于动物性脂肪的利用率较差。因此，日粮中添加脂肪一般使用植物性脂肪。

63. 为什么要保证日粮中必须有充足的水分？

水是獭兔机体一切细胞和组织的必需构成成分，对獭兔生命活动和生产起着非常重要的作用。獭兔水的来源主要有饮水、饲料水和代谢水。獭兔缺水或限制饮水，会显著降低獭兔采食量和日增重，且年龄越大表现越明显。獭兔长期饮水不足会使健康受到损害，生产力遭受严重影响。

獭兔体内损失水分 10％会导致代谢紊乱，脱水 20％以上就可致死。幼兔在充分饮水条件下平均日增重是 30.6 克，每克增重消耗饲料 5.2 克，而限制饮水 75％时则平均日增重为 20.6 克，每克增重消耗饲料是 5.8 克。另外，缺水会影响营养物质的吸收，3～4 周龄的哺乳仔兔特别敏感。例如，在 15～20℃下缺水，25 日龄或刚断奶的仔兔体重减轻 20％。因此，保证獭兔充足饮水，是获得高生产效果的必要条件。

影响獭兔饮水需要量的主要因素是獭兔年龄、生产阶段、日粮组成、环境温度和水位等。随着獭兔年龄的增长，蓄水量逐渐减少，夜间饮水比早晨少。适应生长需要高温季节应增加饮水量和次数，不得中断。炎热夏季缺水时间一长，獭兔易中暑死亡，母兔分娩后无水易食仔兔。幼兔处于生长发育阶段，饮水量大于成年兔。獭兔的饮水量一般为饲料干物质的 2 倍。獭兔日需水量：成长兔为 0.25～0.28 升，妊娠后期母兔为 0.5～0.55 升，哺乳兔为 0.6 升。

水是獭兔维持生命绝对不可缺少的物质，在生产中，有条件的可采用自由饮水。供水时应保证水的卫生，符合饮用水标准和保持适宜的温度。

64. 獭兔的必需微量元素主要有哪些？

（1）锌　锌是动物体必需的微量元素之一，是机体许多酶的组成成分，参与蛋白质、糖和脂类的代谢，且与动物的生殖、免疫和生长发育有关。獭兔缺锌表现为食欲下降、生长受阻、被毛粗乱易折、无光泽。血清尿素氮与蛋白质代谢有密切关系，在日粮蛋白质含量稳定的情况下，血清尿素氮下降是蛋白质利用效率增加的结果；当日粮锌添加量为 80～120 毫克/千克时，血清尿素氮下降，有较好的生产性能，但以 80 毫克/千克时日增重最高。

（2）锰　锰是许多酶的激活剂，能影响碳水化合物、脂肪和氮的代谢。锰为獭兔骨骼形成、繁殖和胚胎的正常发育所必需。缺锰时可引起骨骼系统发育不良、弯腿、骨脆，骨的重量、长度密度及灰分含量等下降。当日粮中钙和磷过多时，可能会使锰的吸收降低。日粮中锰过多时，会抑制幼兔血红蛋白的形成，甚至产生其他有害作用。

日粮中添加锰对獭兔日增重、料肉比影响显著，而对獭兔皮张面积没有影响。日粮锰水平对獭兔血清 Mn-SOD 活性影响不显著，对心组织 Mn-SOD 活性影响显著，且随锰水平的提高心组织 Mn-SOD 活性增强。从日增重和料肉比的结果来看，以 25 和 35 毫克/千克的添加量较为适宜。添加锰对獭兔的生长有一定的促进作用，这可能是锰参与三大营养物质的代谢，能促进蛋白质的合成和营养物质的吸收，因而表现为促进生长、降低饲料消耗、提高饲料转化率。

（3）铁　微量元素铁是动物营养中最重要的微量元素之一。足量的铁是机体生长发育与代谢不可缺少的基本条件，缺铁可导致营养性贫血，影响机体的免疫功能和生长发育。铁在动物体内大部分组成血红蛋白，一部分在肝和脾的铁蛋白可作为铁的贮备。有分析表明，其最佳添加量为 30 毫克/千克。

65. 獭兔需要补充哪些维生素?

维生素 A 作为一种微量营养成分，在维持动物正常生命活动和充分发挥其生产潜力方面具有重要的作用。维生素 A 增加对传染病抵抗力、促进生长、刺激食欲、有助于繁殖和泌乳。维生素 E 具有抗氧化的作用，保护红细胞免于溶血，促进垂体前叶分泌促性腺激素，维持动物的正常性周期，并增强卵巢机能，保证受精及胚胎发育的正常进行。

随着日粮维生素 A 水平的提高，獭兔日增重逐渐升高；而采食量、料肉比随着日粮维生素 A 水平的提高逐渐下降，但差异不显著。另外，血清白蛋白含量随着日粮维生素 A 水平的提高而增加，但差异不显著；血清尿素氮随日粮维生素 A 水平的提高而下降。同时建议生长獭兔日粮中维生素 A 的添加量为每千克日粮 10 000 国际单位。在配种前 3 天到妊娠第 7 天在日粮中添加维生素 A 8 毫克/千克（4 000国际单位/千克）、维生素 E 100 毫克/千克（50 国际单位/千克），结果表明，试验组产活仔数提了 20.23%，育成率提高了 6.58%，增重速度提高了 7.11%。

66. 獭兔常用的粗饲料有哪些？

粗饲料是指天然水分含量在 45% 以下，干物质中粗纤维含量在 18% 以上的一类饲料，主要包括：干草、秸秆、荚壳、干树叶及其他农副产品。其特点是，体积大重量轻，养分浓度低，但蛋白质含量差异大，总能含量高，消化能低，维生素 D 含量丰富，其他维生素较少，含磷较少，粗纤维含量高，较难消化。常用的有：

(1) 青干草 由青绿饲料经日晒或人工干燥除去大量水分而制成。其营养价值受植物种类组成、刈割期和调制方法的影响。蛋白质品质较完善，胡萝卜素和维生素 D 含量丰富，是獭兔最基本最主要的饲料。

(2) 秸秆 是农作物籽实收获以后所剩余的茎秆和残存的叶片，包括玉米秸、麦秸、稻草、高粱秸、谷草和豆秸等。这类饲料粗纤维含量高，可达 30%～45%，其中木质素比例大，一般为 6.5%～12%，有效价值低，蛋白质含量低且品质差，钙、磷含量低且利用率低，适口性差，营养价值低，消化率也低。

(3) 荚壳类 是农作物籽实脱壳后的副产品，包括谷壳、稻壳、高粱壳、花生壳、豆荚等。除了稻壳和花生壳外，荚壳的营养成分高于秸秆。豆荚的营养价值比其他荚壳高，尤其是粗蛋白质含量高。禾谷类荚壳中，谷壳含蛋白质和无氮浸出物较多，粗纤维较低，营养价值仅次于豆荚。

67. 什么是能量饲料？獭兔常用的能量饲料有哪些？

能量饲料指干物质中粗纤维含量在 18% 以下，粗蛋白质含量在 20% 以下，消化能含量在 10.5 兆焦/千克以上的饲料。这类饲料的基本特点是无氮浸出物含量丰富，可以被獭兔利用的能值高。含粗脂肪 7.5% 左右，且主要为不饱和脂肪酸。蛋白质中赖氨酸和蛋氨酸含量少。含钙不足，一般低于 0.1%。磷较多，可达 0.3%～0.45%，但多为植酸盐，不易被消化吸收。缺乏胡萝卜素，但 B 族维生素比较丰富。这类饲料适口性好，消化利用率高，在獭兔饲养中占有极其重要的地位。常用的有：

（1）玉米 因品种和干燥程度不同其养分含量有一定差异，以可溶性无氮浸出物含量较高，其消化率可达 90% 以上，是禾本科籽实中含量最高的饲料。其粗蛋白质含量为 7%～9%，在蛋白质的氨基酸组成中赖氨酸、蛋氨酸和色氨酸不足，蛋白质品质差。钙含量仅为 0.02%，磷含量约 0.3%。黄色玉米多含胡萝卜素，白色玉米则很少。各品种的玉米含维生素 D 都少，含硫胺素多，核黄素少。

玉米粉碎后因失去保护作用，极易吸水、结块和霉变，脂肪酸氧化酸败，产生真菌毒素，獭兔很敏感，在饲喂时应注意。所以，玉米应该以原粮贮存，用时粉碎。

（2）高粱 去壳的高粱其营养成分与玉米相似，以含淀粉为主，粗纤维少，可消化养分高。粗蛋白质含量约 8%，品质较差。含钙少，含磷多。胡萝卜素和维生素 D 含量少，B 族维生素的含量与玉米相同，烟酸含量多。由于高粱中含有单宁，且高粱的颜色越深含单宁越多，而使其适口性降低。所以，饲喂时应限量，在配合饲料中深色高粱不超过 10%，浅色高粱不超过 20%，若能除去或降低单宁可与玉米同量使用。

（3）大麦 粗蛋白质含量高于玉米，约为 12%，且蛋白质的营养价值比玉米稍高，氨基酸组成与玉米相似。粗纤维含量为 6.9%，无氮浸出物、脂肪含量比玉米少，故它的消化能含量较玉米低。钙和磷的含量比玉米稍多。胡萝卜素和维生素 D 含量不足，与其他谷物一样含硫胺素多，核黄素少，烟酸含量非常多。

（4）米糠 为稻谷的加工副产品，一般分为细糠、统糠和米糠饼。细糠是去壳稻粒的加工副产品，由果皮、种皮、糊粉层及胚组成。统糠是由稻谷直接加工而成，包括稻壳、种皮、果皮及少量碎米。米糠饼为米糠经压榨提油后的副产品。细糠没有稻壳，营养价值高，与玉米相似，但由于含不饱和脂肪酸较多，易氧化酸败，不易保存。统糠粗纤维含量高，营养价值较差。米糠饼的脂肪和维生素减少了，其他营养成分基本保留，且适口性及消化率均有所改善。

（5）麦麸 包括小麦麸和大麦麸，由种皮、糊粉层及胚组成，其营养价值因面粉加工精粗不同而异，通常面粉加工越精，麦麸营养价值越高。麦麸的粗纤维含量较多，为 $8\%\sim12\%$，脂肪含量较低，每千克的消化能较低，属低能饲料，粗蛋白质含量较高，可达 $12\%\sim17\%$，质量也较好。含丰富的铁、锰、锌以及 B 族维生素、维生素 E、尼克酸和胆碱。钙少磷多，比例悬殊（1：8），且多为植酸磷。大麦麸能量和蛋白质含量略高于小麦麸。麦麸质地蓬松，适口性好，具有轻泻性和调节性。獭兔产后喂以适量的麦麸粥，可以调养消化道的机能。

由于麦麸吸水性强，若大量干饲时易造成便秘，饲喂时应注意。

68. 什么是蛋白质饲料？獭兔常用的蛋白质饲料有哪些？

蛋白质饲料是指干物质中粗纤维含量在 18% 以下，粗蛋白质含量在 20% 以上的饲料。包括植物性蛋白质饲料、动物性蛋白质饲料、单细胞蛋白质饲料及非蛋白氮饲料。常用的有：

（1）豆类籽实 有两类，一类是高脂肪、高蛋白质的油料籽实，如大豆、花生等一般不直接用作饲料；另一类是高碳水化合物、高蛋白的豆类，如豌豆、蚕豆等。豆类籽实中粗蛋白质含量较谷实类丰富，一般为 $20\%\sim40\%$，且赖氨酸和蛋氨酸的含量较高，品质好，优于其他植物性饲料。除大豆外，脂肪约含 2%，消化能偏高。矿物质与维生素含量与谷实类大致相似，维生素 B_1 和 B_2 的含量稍高于谷实类，钙含量稍高一些，钙磷比例不适宜。生的豆类籽实含有一些不良物质，如大豆中含有胰蛋白酶抑制因子、尿素酶、产生甲状腺肿的物质、皂素与血凝素等。这些物质降低了适口性并影响獭兔对饲料中蛋白质的使用及正常的生产性能，使用时应经过适当的热处理。

（2）饼粕类 是豆类籽实及饲料作物籽实制油后的副产品。压榨法制油后的副产品称为油饼，溶剂浸提法制油后的豆产品为油粕。常用的饼粕有大豆饼粕、花生饼粕、棉籽（仁）饼粕、菜籽饼粕、胡麻饼、葵花子饼、芝麻饼等。

①大豆饼粕 是我国目前最常用的蛋白质饲料。其消化能和代谢能高于其籽实，氮的利用效率较高。粗蛋白质含量为 $42\% \sim 47\%$，蛋白质品质较好，赖氨酸含量高，且与精氨酸比例适宜。其蛋氨酸含量不足，低于菜籽饼粕和葵花仁饼粕，高于棉仁饼粕和花生饼粕。因此，在以大豆饼粕为主要蛋白饲料配合饲料中要添加蛋氨酸。与其他饼粕相比，异亮氨酸含量高，且与亮氨酸比例适当。色氨酸、苏氨酸含量也较高。这些均可添补玉米的不足，因而以大豆饼粕与玉米为主搭配组成的饲料效果较好。大豆饼粕中含有生大豆中的不良物质，在制油过程中，如加热适当，可使其受到不同程度的破坏。如加热不足，得到的饼粕为生的，不能直接喂兔。如加热过度，不良物质受到破坏，营养物质特别是必需氨基酸的利用率也会降低。因此，在使用大豆饼粕时，要注意检测其生熟程度。一般可从颜色上判定，加热适当的应为黄褐色，有香味，加热不足或未加热的颜色较浅或灰白色，没有香味或有鱼腥味，加热过度的呈暗褐色。

在以大豆饼粕为主要蛋白饲料配合饲料中要适当添加蛋氨酸。

②棉籽饼粕 是棉籽制油后的副产品，其营养价值因加工方法的不同差异较大。棉籽脱壳后制油形成的饼粕为棉仁饼粕，粗蛋白质为 $41\% \sim 44\%$，粗纤维含量低，能值与豆饼相近似。不去壳的棉籽饼粕含蛋白质 22% 左右，粗纤维含量高，为 $11\% \sim 20\%$。带有一部分棉籽壳的为棉仁（籽）饼粕，蛋白质含量为 $34\% \sim 36\%$。棉仁饼赖氨酸和蛋氨酸含量低，精氨酸含量较高，硒含量低。因此，在配合饲料中使用棉仁饼时应注意添加赖氨酸，最好与精氨酸含量低、蛋氨酸及硒含量较高的菜籽饼配合使用，这样既可缓解赖氨酸、精氨酸的颉颃作用，又可减少赖氨酸、蛋氨酸及硒酸盐的添加量。棉籽仁中含有大

量色素、腺体及对獭兔有害的棉酚。棉酚在制油过程中大部分与氨基酸结合为结合棉酚，对獭兔无害，但氨基酸利用率随之降低。

一部分游离棉酚存在于棉籽仁和饼粕中，獭兔摄取游离棉酚过量或食用时间过长，即导致中毒。饲养中应引起高度重视。

③花生饼粕　有甜香味，适口性好，营养价值仅次于豆饼，也是一种优质蛋白质饲料。去壳的花生饼粕能量含量较高，粗蛋白质含量为44％～49％，能值和蛋白质含量在饼粕中最高。带壳的花生饼粕粗纤维含量为20％左右，粗蛋白质和有效能相对较低。花生饼的氨基酸组成不佳，赖氨酸和蛋氨酸含量较低，赖氨酸含量仅为大豆饼粕的52％，精氨酸含量特别高，在配合饲料中使用时应与含精氨酸少的菜籽饼粕、血粉等混合使用。花生饼粕中含残油较多，在贮存过程中，特别是在潮湿不通风之处，容易酸败变苦，并产生黄曲霉毒素。獭兔中毒后精神不振，粪便带血，运动失调，与球虫病症状相似，肝、肾肥大。该毒素在兔肉中残留可使人患病。蒸煮或干热均不能破坏黄曲霉毒素。

发霉的花生饼粕千万不能饲用，在贮存和饲喂时应特别注意。

④菜籽饼粕　是油菜籽制油后的副产品，有效价值较低，适口性较差，含粗蛋白质36％左右。蛋氨酸含量较高，在饼粕中名列第二，精氨酸含量在饼粕中最低。磷的利用率较高，硒含量是植物性饲料最高的，锰含量也较丰富。菜籽饼粕中含有较高的芥子苷，在体内水解产生有害物质，造成中毒。因此，没有经过去毒处理的菜籽饼粕一定要限制饲喂量。在配合饲料中不能超过7％。菜籽饼粕可采用坑埋法、水洗法、加热钝化酶法、氨碱处理等方法降低其毒性，以增加饲喂量，提高利用率。

⑤芝麻饼　不含对獭兔不良影响的物质。含粗蛋白质40％左右，蛋氨酸含量高达0.8％以上，是所有植物性饲料中含量最高的。其赖氨酸含量不足，精氨酸含量过高，有很浓的香味。

⑥葵花子（仁）　饼粕营养价值决定于脱壳程度如何。脱壳的葵花仁饼粕含粗纤维低，粗蛋白质含量为28％～32％，赖氨酸不足，蛋氨酸含量高于花生饼，棉仁饼及大豆饼，铁、铜、锰含量及B族维生素含量较丰富。

(3) 酒糟 酒糟的营养价值与酿酒的原料有关，就粮食酒而言，粮食中可溶性碳水化合物发酵成醇被提取，故留在酒糟中的其他营养物质，如粗蛋白质、粗脂肪、粗纤维与灰分等含量相应提高了，其消化率变化不大。各种酒糟干物质中，粗蛋白质含量 16% 左右，消化能 6.0 兆焦/千克以上，富含 B 族维生素，钙磷不平衡。喂酒糟易引起便秘，因此，在配合饲料中以不超过 40% 为宜，并应搭配玉米、糠麸、饼类、骨粉、贝粉等特别应多喂青饲料，以补充营养和防止便秘。

(4) 鱼粉 是由不宜供人食用的鱼类及渔业加工的副产品制成，是优质的动物性蛋白质饲料。含粗蛋白质 55%～75%，含有全部必需氨基酸，生物学价值高。还含有未知动物蛋白因子，能促进养分的利用。鱼粉中的矿物质元素量多质优，富含钙、磷及锰、铁、碘等。鱼粉中含有丰富的维生素 A、维生素 E 及 B 族维生素。使用鱼粉时要注意鱼粉中盐的含量。

(5) 肉粉 是由不能供人食用的废弃肉、内脏等，高温、高压、灭菌、脱脂干燥制成。粗蛋白含量为 50%～60%；富含赖氨酸、B 族维生素、钙、磷等，蛋氨酸、色氨酸相对较少，消化率、生物学价值均高。

(6) 肉骨粉 是由不适于食用的畜禽躯体、骨骼、胚胎等，经高温、高压、灭菌、脱脂干燥制成，含粗蛋白质 35%～40%，脂肪 8%～10%，矿物质 10%～25%，与肉粉比较，矿物质含量较高。

(7) 血粉 由畜禽的血液制成。血粉的品质因加工工艺不同而有差异。经高温、压榨、干燥制成的血粉溶解性差，消化率降低。直接将血液于真空蒸馏器干燥制成的血粉，溶解性好，消化率高。血粉中粗蛋白质含量很高，在 80% 以上，但品质不佳，缺乏蛋氨酸、异亮酸和甘氨酸，赖氨酸含量高达 7%～8%。富含铁，但适口性差，消化率低，喂量不宜过多。

(8) 羽毛粉 是家禽屠宰后的羽毛经高压水解后的产品，也称水解羽毛粉。羽毛粉含粗蛋白质 80% 以上，必需氨基酸比较完全，含胱氨酸特别丰富，但赖氨酸、蛋氨酸和色氨酸含量较少。羽毛粉虽然粗蛋白质含量较高，但多为角质蛋白，消化利用率低，不宜多喂，如与血粉、骨粉配合使用，可平衡营养，提高效果。

（9）饲料酵母 属单细胞蛋白质饲料，常用啤酒酵母制成。饲料酵母的粗蛋白质含量为 $50\%\sim55\%$，氨基酸组成全面，富含赖氨酸，蛋白质含量和质量都高于植物性蛋白质饲料，消化率和利用率也高。饲料酵母含有丰富的 B 族维生素，因此，在獭兔的配合饲料中使用饲料酵母可以补充蛋白质和维生素，并可提高整个日粮的营养水平。

饲料酵母有苦味，适口性差，一般獭兔日粮中不宜超过 $2\%\sim5\%$。

69. 獭兔用青绿多汁饲料有何特点？

青绿饲料富含叶绿素，而多汁饲料富含汁水。包括各种新鲜野草、野菜、天然牧草、栽培牧草、青饲作物、菜叶、水生饲料、幼嫩树叶、非淀粉质的块根、块茎、瓜果类等。

青绿饲料的营养特点是：含水分大，一般高达 $60\%\sim90\%$；体积大，单位重量含养分少，营养价值低，消化能仅为 $1.25\sim2.51$ 兆焦/千克，因而单纯以青绿饲料为日粮不能满足能量需要；粗蛋白的含量较丰富，一般禾本科牧草及蔬菜类为 $1.5\%\sim3\%$，豆科为 $3.2\%\sim4.4\%$。按干物质计，禾本科为 $13\%\sim15\%$，豆科为 $18\%\sim24\%$。同时，青绿饲料的蛋白质品质较好，含必需氨基酸较全面，生物学价值高，尤其是叶片中的叶绿蛋白，对哺乳母兔特别有利。富含 B 族维生素，钙、磷含量丰富，比例适当，还富含铁、锰、锌、铜、硒等必需的微量元素。青绿饲料幼嫩多汁，适口性好，消化率高，还具有轻泻、保健作用，是獭兔的主要饲料。青绿饲料的种类繁多，资源丰富。

70. 饲喂獭兔的青绿多汁饲料有哪些种类？

（1）天然牧草 主要有禾本科、豆科、菊科和莎草科四大类。按干物质计，它们的无氮浸出物含量为 $40\%\sim50\%$，粗蛋白质含量为：豆科 $15\%\sim20\%$，莎草科 $13\%\sim20\%$，菊科和禾本科 $10\%\sim15\%$。

粗纤维含量以禾本科较高，约为 30%，其他为 20%～25%。菊科牧草有异味，獭兔不喜欢采食。

（2）人工栽培牧草　栽培牧草是指人工栽培的青绿饲料，主要包括豆科和禾本科两大类。这类饲料的共同特点是产量高，通过间套混种、合理搭配，可保证獭兔场常年供青，对满足獭兔的青饲料四季供应有重要意义。常见的主要有苜蓿（紫花苜蓿和黄花苜蓿）、三叶草（红三叶和白三叶）、苕子（普通苕子和毛苕子）、紫云英（红花草）、草木樨、沙打旺、黑麦草、籽粒苋、串叶松香草、无芒雀麦、鲁梅克斯草等。

（3）青饲作物　常用的有玉米、高粱、谷子、大麦、燕麦、荞麦、大豆等。

（4）根茎瓜果类饲料　常用的有甘薯、木薯、胡萝卜、甜菜、芜菁、甘蓝、萝卜、南瓜、佛手瓜等。

（5）树叶类饲料　多数树叶均可作为獭兔的饲料，常用的有紫穗槐叶、槐树叶、洋槐叶、榆树叶、松针、果树叶、桑叶、茶树叶及药用植物如五味子和枸杞叶等。

我国广大农村喜欢用菜叶喂兔，但堆放时间长，保管不当，会发霉腐败，或者在锅里加热或煮后焖在锅里过夜，都会促使细菌将硝酸盐还原为亚硝酸盐，可导致兔中毒。另外，水分含量高达 90% 以上的蔬菜类饲料饲喂过多，易引起家兔消化道疾病；饲喂时，应将其晾蔫。

（6）水生饲料　主要有水浮莲、水葫芦、水花生、绿萍等。

71.　**怎样做到獭兔青绿饲料的均衡供应？**

由于獭兔是一种以草食为主的小型经济动物，目前我国大多数饲养模式采用的是青粗饲料加精料补充料饲养，这种模式一年四季必须要有大量的青饲料供应。但是，我国很多地区春夏季节青饲料来源广泛，不会缺乏，但冬季青饲料来源贫乏，獭兔青饲料供应往往就成了问题，为了保证獭兔养殖场青饲料的常年均衡供应，最好应采取人工栽培牧草和采集野生牧草的采集相结合的办法来解决。而不同牧草栽培季节和收获时期的不同，根据不同牧草在不同季节和不同气候条件下的不同栽培和收获时期，下面介绍一种比较理想的青饲料均衡供应模式，以保证獭兔养殖场青饲料一年四季的均衡供应，供大家参考（表 6-1～表 6-3）。

表 6-1 青饲料产量、收割次数、间隔时间及可供时间

品　　种	产量（千克/公顷）	收割次数	平均间隔时间（天）	供青时间
黑麦草	160 000～170 000	7	22	11 月至翌年 4 月
苦荬菜	160 000～170 000	9	18	6～8 月
墨西哥玉米	110 000～120 000	5	26	7～9 月
苏丹草	50 000～60 000	2	92	8～11 月
胡萝卜（肉质根）	40 000～50 000	——	——	11 月至翌年 2 月
紫花苜蓿	70 000～80 000	4～5	30	4～10 月

表 6-2 青饲料营养成分（％）

品　种	粗蛋白	粗脂肪	灰分	钙	磷
黑麦草	4.1	0.9	3.6	0.14	0.06
苦荬菜	1.2	0.3	——	0.13	0.03
墨西哥玉米	2.0	0.5	——	0.1	0.06
苏丹草*	5.8	7.5	8.05	0.57	0.23
胡萝卜（肉质根）	1.4	0.1	0.7	0.11	0.07
紫花苜蓿	4.4	1.5	2.9	1.57	0.18

注：苏丹草成分为干物质中含量。

表 6-3 青饲料常年均衡轮供模式

青饲料	月　份											
	1	2	3	4	5	6	7	8	9	10	11	12
黑麦草	△	△	△	△	△	△			○	◆	△	△
苦荬菜			○	◆	◆	△	△	△				
墨西哥玉米			○	○	◆	△	△	△	△	△	○	
苏丹草			○	○	◆	△	△	△	△	△		
胡萝卜（肉质根）	△	△	△					○	◆	◆	△	△
紫花苜蓿	◆	◆	◆	△	△	△	△	◆	◆	△	△	△

注：○表示播种期，◆表示生长期，△表示青饲料可供期。

72. 獭兔饲料中常添加的矿物质饲料有哪些？怎么添加？

以提供矿物质元素为目的的饲料叫矿物质饲料。獭兔饲料中虽然含有一定量的矿物质元素，但远远不能满足其繁殖、生长和兔皮生产的需要，必须按一定比例额外添加矿物质饲料。

(1) 食盐 钠和氯是獭兔必需的无机物，而植物性饲料中钠、氯含量都少。此外，食盐还可以改善口味，增进獭兔的食欲。食盐是补充钠、氯的价廉而有效的添加源。食盐中含氯 60%，含钠 39%，碘化食盐中还含有 0.007%的碘，在獭兔日粮中添加 0.5%，完全可以满足獭兔对钠和氯的需要量，高于 1%对獭兔的生长有抑制作用。

使用含盐量高的鱼粉、酱油渣时，要适当减少食盐添加量，防止食盐中毒。

(2) 钙补充饲料 通常青、粗饲料一般含矿物质比较平衡，尤其是钙的含量较多，基本可满足獭兔的生理需要；而精饲料中一般含钙较少，需要补充。常用的含钙矿物质补充饲料有石灰石粉、贝壳粉、蛋壳粉、骨粉等。

①石灰石粉 又称石粉，为天然的碳酸钙、一般含钙 35%以上，是补充钙的最廉价、最方便的矿物质饲料。天然的石灰石，只要铅、汞、砷、氟的含量不超过安全系数，都可用作饲料。獭兔能忍受高钙饲料，但钙含量过高，会影响锌、锰、镁等元素的吸收。

②贝壳粉 是各种贝类外壳（蚌壳、牡蛎壳、蛤蚧壳、螺蛳壳等）经加工粉碎而成的粉状或粒状产品，含碳酸钙 95%以上，钙含量不低于 30%。品质好的贝壳粉，杂质少，含钙高，呈白色粉状或片状。

③蛋壳粉 由食品加工厂或大型孵化场收集的蛋壳，经干燥（82℃以上）、灭菌、粉碎后而得的产品，是理想的钙源补充料，利用率高、无论蛋品加工后的蛋壳还是孵化出雏后的蛋壳，都残留有壳膜和一些蛋白，所以除了含 30%～31%的钙以外，还含有 4%～7%的蛋白质和 0.09%的磷。

此外，大理石、白云石、白垩石、方解石、熟石灰、石灰水等都可作为钙源补充料，其他还有甜菜制糖的副产品滤泥也属于碳酸钙产品。

钙源补充料很便宜，但用量不能过多，否则会影响钙磷平衡，使钙和磷的消化、吸收和代谢都受到影响。微量元素预混料常常使用石粉或贝壳粉作为稀释剂或载体，使用量占配比较大，配料时应注意把其含钙量计算在内。

（3）磷补充饲料　富含磷的矿物质饲料有磷酸钙（磷酸二氢钙、磷酸氢钙、磷酸钙）、磷酸钠类（磷酸二氢钠、磷酸氢二钠）、磷矿石、骨粉等。利用这一类饲料时，除了要注意不同磷源有着不同的利用率之外，还要考虑原料中有害物质如氟、铅、砷等是否超标，另外也要注意其所含矿物质元素比钙补充饲料复杂，使用时必须正确计算用量。例如，补充碳酸钙，一般不需变动其他矿物质元素的供应量，而磷补充饲料不同，往往引起两种以上矿物质元素的含量变化，如磷酸钙含磷又含钙，所以在计算用量时，只能先按营养需要补充磷，再调整钙和钠等其他元素。

①骨粉　骨粉是同时提供磷和钙的矿物质饲料，是由动物杂骨经热压、脱脂、脱胶后干燥、粉碎制成的，由于加工方法不同，其成分含量和名称各不相同，其基本成分是磷酸钙，钙磷比为 2∶1，是钙磷较平衡的矿物质饲料。骨粉中含钙 30%～35%，含磷 13%～15%，还有少量的镁和其他元素。骨粉中氟的含量较高，但因配合饲料中骨粉的用量有限（1%～2%），所以不会因骨粉导致氟中毒。

②磷酸钙盐　磷酸钙盐能同时提供钙和磷。最常用的是二水磷酸氢钙（$CaHPO_4 \cdot 2H_2O$），可溶性比其他同类产品好，动物对其中的钙和磷的吸收利用率也高。磷酸氢钙含钙 20%～23%，含磷 16%～18%。

有些产品含磷不足，而氟含量超标，在购买磷酸钙盐时要注意质量是否符合标准。

（4）膨润土　是一种有层状结晶构造的含水铝硅酸盐矿物质，含有动物生长所需的铁、磷、钾、铝、铜、锌、锰、钴等 20 余种元素，具有营养、吸附、置换等功能。獭兔日粮中添加 1%～3% 的膨润土，能明显提高獭兔的生产性能，减少疾病的发生。

（5）麦饭石　属钙碱性岩石系列，能吸附有害有毒物质。麦饭石中含有 27 种动植物正常生长所需的元素，其中 11 种为宏量元素，16 种为微量元素，是酶、维生素、激素的组成成分。獭兔日粮中适宜添加量为 1％～3％。有试验报告，兔配合饲料中添加 3％的麦饭石，增重提高 23.18％，饲料转化率提高 16.24％。

73. 什么是添加剂？獭兔常用添加剂有哪几种类型？

添加剂是指为提高饲料利用率，保证或改善饲料品质，促进动物生产，保证其健康而掺入饲料的少量或微量的营养性或非营养性物质。近年来，随着饲料工业的迅猛发展，饲料添加剂的研究逐步深入，其在养殖业中的应用效果也越来越明显。

常用的添加剂主要包括营养性添加剂、非营养性添加剂两大类。

（1）维生素添加剂　维生素是动物维持正常生理机能所不可缺少的低分子有机化合物。动物虽然对维生素的需要量不大，但其作用极其显著。粗放饲养条件下，獭兔通过自由采食青粗饲料可以满足对维生素的需要。在规模化集约饲养条件下，采食饲料种类有限，獭兔机体所需维生素来源有限，因此必须在饲料中加入一定的维生素，否则，轻则影响獭兔的生产性能，重则造成维生素缺乏症，甚至造成獭兔死亡。

在生产实践中，各兔场所用的维生素添加剂为国内或进口的成品。但由于各兔场饲料状况及獭兔生产状况不同，加之维生素添加剂的贮存时间和条件要求比较严格，在有条件的兔场，可以自己购买原料配制。配制标准参考家兔营养标准，并结合本场实际情况。下面是瑞士罗氏药厂兔的维生素供给量（每千克饲料干物质中的含量）：维生素 A 10 000 国际单位、维生素 D 1 000 国际单位、维生素 E 40 国际单位、维生素 B_1 12 毫克、维生素 B_2 6 毫克、烟酸 50 毫克、泛酸 20 毫克、维生素 B_6 2 毫克、维生素 B_{12} 0.01 毫克、生物素 0.20 毫克、胆碱 1 300 毫克。

维生素的添加量，一方面要参考饲养标准，另一方面要结合本场兔的生产性能，即生产性能越高，对维生素的需求量也越多。此外，还必须视饲料、饲养情况而灵活掌握。如苜蓿会降低维生素 E 的利用率，亚麻籽中含有与维生素 B_6 颉颃的物质，抗球虫剂氨丙啉与维生素 B_1 颉颃。某些营养成分的含量升高，加大了某些维生素的需要量。如蛋白质供给量高时，用于蛋白质代谢的酶量也加大了，维生素 B_6 的需要量增加。用药时，特别是抑菌促生长剂或抗生素，它们对肠道细菌的干扰，减少了对维生素的合成，因而添加量也要求多些。密封式饲养或弱光育肥，獭兔得不到阳光中紫外线的照射，皮肤中的胆固醇不能合成足够的维生素 D_3，影响钙和磷的吸收利用，故维生素 D_3 应适当增加。颗粒饲料在加工过程中，由于高温高压会破坏一部分热敏感维生素（如维生素 A、维生素 D_3、维生素 K_3、维生素 B_1、叶酸，类胡萝卜素等），在配方设计时，以上维生素也应适当增加。

使用维生素添加剂应注意活性单位及保存期，其添加量要注意獭兔的需要和饲料或日粮对维生素稳定性的影响。

（2）微量元素添加剂 微量元素添加剂又称生长素，是应用较早且普遍的添加剂。我国已有多家生产兔用微量元素添加剂的厂家。与维生素添加剂一样，微量元素添加剂是兔全价饲料中不可缺少的营养物质。

微量元素添加剂虽然被人们所认识，但在一些山区农村，由于交通不便，兔用添加剂不易买到，而以鸡用、猪用或其他动物的生长素代替。虽然也起到一定作用，但效果不太理想。

由于各地饲料条件不同，饲料中所含各微量元素的量不同，要达到最理想的饲养效果，有条件的獭兔场可自配饲料添加剂（生长素）。在自配生长素时，首先考虑獭兔的营养需要量，其次考虑当地饲料中各微量元素的含量，根据二者之差，即得出饲料中的添加量。然后进行原料的选择及混合。

獭兔饲料中添加硫酸亚铁、硫酸锌、硫酸钠等可有效防治兔群脱毛咬毛，提供产毛量。

使用微量元素添加剂时应注意三个问题：①化合物中活性元素含量；②化合物中活性元素的可利用性；③添加剂化合物的规格要求。

（3）氨基酸添加剂 蛋白质是生命的重要物质基础。獭兔在生长发育、新陈代谢和繁殖过程中，需要大量的蛋白质来满足细胞组织的更新、修补等要求。蛋白质是不能用其他种类养分所代替的。

獭兔是草食动物，其饲料基本上由植物性原料所组成，而植物性原料中蛋氨酸和赖氨酸最容易缺乏。在兔饲料配方设计时，为满足蛋氨酸和赖氨酸的需要量，必须增加蛋白质饲料用量，这样势必造成蛋白质饲料的浪费，也是不经济的。若额外补加这两种氨基酸，则可以解决这一问题。

蛋氨酸是有旋光性的化合物，分为 L 型和 D 型。在兔体内，L 型易被吸收，D 型要经酶转化成 L 型后才能参与蛋白质的合成，故饲料中可以使用 D 型和 L 型混合的化合物。在獭兔饲料中添加 0.1% 的蛋氨酸，可以提高蛋白质利用率 2%～3%。一般饲料中的添加量为 0.05%～0.10%。獭兔饲料中添加蛋氨酸可以增加兔毛的密度，提高兔毛的光亮度。

赖氨酸在兔体内不能合成，必须由饲料中提供。谷物饲料中赖氨酸的含量不高，豆类饲料中虽然含量高，但是在加工过程中，赖氨酸遇热或长期贮存时，会降低活性。饲料中可被利用的赖氨酸，只有化学分析所得数值的 80% 左右。

赖氨酸也分 L 型和 D 型两种。L 型赖氨酸具有营养作用，D 型赖氨酸在兔体内不能被利用，也不能被转化成有营养作用的 L 型。因此，饲料添加剂只使用 L 型赖氨酸。饲料中按兔需要量添加赖氨酸，可以减少饲料中粗蛋白质用量 3%～4%。一般饲料中添加 L 型赖氨酸量为 0.05%～0.10%。

(4) 中草药添加剂　中草药添加剂资源丰富，作用广泛，效果明显，安全无害，日益受到人们的重视，普遍应用于畜禽养殖业。在养兔生产中，通过大量试验证明，中草药添加剂具有提高增重率和繁殖力，增加毛的密度，改善毛皮品质以及防病治病等多种功效，呈现良好的开发前景，应在生产中大力推广利用。

目前常用的兔用中草药添加剂有理气消食、益脾健胃、驱虫除积、扶正祛邪、清热解毒、抗菌消炎、镇静安神等作用。健胃中草药神曲、麦芽、山楂、陈皮、枳壳等具有一定的香味，能提高饲料的适口性、促进唾液、胃液和肠液分泌，促进机体对营养的吸收。贯众、槟榔有驱虫作用，可以驱除兔球虫等寄生虫。当归、益母草、五加皮等有利于气血运行，使兔代谢旺盛，机体强健，膘肥体壮。远志、松针粉、酸枣仁养心安神，使兔在育肥阶段熟睡，催肥长膘，提高饲料利用率。

目前兔用中草药添加剂大多数为原料粉碎搅拌后制成的粉剂或散剂，精提高效的产品尚属空白。生产工艺落后，品种单调，加工简单粗糙，科技含量低，给生产和运输带来不便。使用剂量普遍偏大，一般都在1%～2%，不仅增加了产品成本，而且也影响了饲料的营养配比。由于中草药原材料来源广，不同地区、不同季节采收的中草药成分和功效差异很大，作用效果不稳定，没有统一的质量配方标准，很难对中草药及其产品作出准确的药效评定和质量监控，致使重复试验或推广应用时出现偏差。

74. 什么叫饲养标准？獭兔常用的饲养标准是什么？

饲养标准是根据长期养兔生产实践积累的经验，结合动物的代谢试验，科学地规定出不同种类、品种、年龄、性别、体重、生理阶段、生产水平的兔每天每只所需要的能量和各种营养物质的数量，或每千克日粮中各种营养物质的含量。饲养标准具有一定的科学性和普遍性，是獭兔生产中制定科学日粮配方、组织生产的重要依据。但是，由于饲养标准中所规定的养分需要量是在特定条件下，在特定的年龄、体重和生产水平下经许多试验的平均结果，不一定完全符合每一个体的实际要求。对某些个体可能某几种养分不足，又可能某几种养分过多，不足和过多都不能达到理想的饲养效果。饲养标准也不是一成不变的，随着科学的进步、认识的深入、品种的改良和生产水平的变化，还需要不断修订、充实和完善。因此，在实际生产过程中应灵活掌握，因地制宜，结合当地的具体情况灵活应用。有条件的兔场，应进行饲养实验，摸索出一套适合本场兔群的日粮类型和营养水平，制定一个适宜的安全系数。

关于獭兔的饲养标准。目前国内外还没有统一的标准。下面介绍中国农业科学院兰州畜牧研究所参考国外标准，制定的獭兔饲养标准见表6-4，以及不同国家制定的其他獭兔饲养标准及生产中一些单位的推荐表（表6-5～表6-7），供参考。

表6-4 獭兔饲养标准

营养成分	生长兔	哺乳兔	妊娠兔	维持
消化能（兆焦/千克）	10.4～10.5	10.9～11.3	10.5	8.8～9.2
粗脂肪（%）	2～3	2～3	2～3	2～3
粗纤维（%）	10～14	10～12	10～14	14～16
粗蛋白质（%）	15～16	17～18	15～16	12～13
赖氨酸（%）	0.65	0.9	—	—
含硫氨基酸（%）	0.6	0.6	—	—
色氨酸（%）	0.2～0.3	0.15	—	—
苏氨酸（%）	0.55～0.6	0.7	—	—
钙（%）	0.4～0.5	0.75～1.1	0.45～0.8	0.4
磷（%）	0.22～0.3	0.5～0.7	0.37～0.5	0.3
铁（毫克/千克）	50	100	50	50
铜（毫克/千克）	3～5	3～5	—	—
锌（毫克/千克）	50	70	70	
锰（毫克/千克）	8.5	2.5	2.5	2.5
碘（毫克/千克）	0.2	0.2	0.2	0.2
钴（毫克/千克）	0.1	0.1	—	—
维生素A（国际单位/千克）	5 800～6 000	1 2000	1 160～1 200	600
维生素D（国际单位/千克）	900	900	900	900
维生素E（国际单位/千克）	40～50	40～50	40～50	40～50

表6-5 獭兔饲养标准
（德国养兔专家推荐）

营养成分	营养含量	营养成分	营养含量
可消化能（焦耳）	1 000～12 200	钾（%）	1.0
可消化养分（TDN）（克）	650	铜（毫克/千克）	20～200

（续）

营养成分	营养含量	营养成分	营养含量
粗蛋白（％）	16～18	铁（毫克/千克）	100
粗脂肪（％）	3～5	锰（毫克/千克）	30
粗纤维（％）	7～10	锌（毫克/千克）	50
赖氨酸（％）	1.0	维生素 A（国际单位/千克）	8 000
含硫氨基酸（％）	0.4～0.6	维生素 D（国际单位/千克）	1 000
精氨酸（％）	0.6	维生素 E（毫克/千克）	40
钙（％）	1.0	维生素 K（国际单位/千克）	1
磷（％）	0.5	胆碱（毫克/千克）	1500
镁（毫克/千克）	300	烟酸（毫克/千克）	50
氯化钠（％）	0.5～0.7	维生素 B_6（毫克/千克）	400

表 6-6 獭兔建议营养需要量
（杭州养兔中心和浙东獭兔开发公司）

项　　目	生长兔	成年兔	妊娠兔	泌乳兔	毛皮成熟期
消化能（兆焦/千克）	10.46	9.20	10.46	11.30	10.46
粗蛋白（％）	16.5	15	16	18	15
粗脂肪（％）	3	2	3	3	3
粗纤维（％）	14	14	13	12	14
钙（％）	1.0	0.6	1.0	1.0	0.6
磷（％）	0.5	0.4	0.5	0.5	0.4
含硫氨基酸（％）	0.5～0.6	0.3	0.6	0.4～0.5	0.6
赖氨酸（％）	0.6～0.8	0.6	0.6～0.8	0.6～0.8	0.6
食盐（％）	0.3～0.5	0.3～0.5	0.3～0.5	0.3～0.5	0.3～0.5
日采食量（克）	150	125	160～180	300	125

表 6-7 美国 NRC 饲养标准

营养素	生长期	维持期	妊娠期	泌乳期
消化能（千焦/千克）	10 460.0	8 786.4	10 460.0	10 460.0
可消化养分（％）	65	55	58	70

（续）

营养素	生长期	维持期	妊娠期	泌乳期
粗纤维（%）	10～12	14	10～12	10～12
粗脂肪（%）	2	2	2	2
粗蛋白质（%）	16	12	15	17
钙（%）	0.4		0.45	0.75
磷（%）	0.22		0.37	0.50
镁（毫克/千克）	300～400	300～400	300～400	300～400
钾（%）	0.6	0.6	0.6	0.6
钠（%）	0.2	0.2	0.2	0.2
氯（%）	0.3	0.3	0.3	0.3
铜（毫克/千克）	3	3	3	3
碘（毫克/千克）	0.2	0.2	0.2	0.2
锰（毫克/千克）	8.5	2.5	2.5	2.5
维生素 A（国际单位）	580		>1 160	
维生素 E（毫克/千克）	40		40	40
维生素 K（毫克/千克）			0.2	
烟酸（毫克/千克）	180			
维生素 B_6（毫克/千克）	39			
胆碱（克/千克）	1.2			
赖氨酸（%）	0.65			
蛋氨酸＋胱氨酸（%）	0.6			
精氨酸（%）	0.6			
组氨酸（%）	0.3			
亮氨酸（%）	1.1			
异亮氨酸（%）	0.6			
苯丙氨酸＋酪氨酸（%）	1.1			
苏氨酸（%）	0.6			
色氨酸（%）	0.2			

75. 獭兔日粮配合原则是什么？

饲料配合要有科学性，要以獭兔的饲养标准和各种饲料营养成分为依据，根据本场的具体情况，在采取多种多样饲料基础上经过合理搭配，使其在营养价值上基本能达到獭兔的饲养标准所规定的指标，同时又要具有良好的适口性、消化性和符合经济要求。因此，在配合饲料时要掌握以下原则。

（1）要以獭兔的饲养标准为依据　配合饲料时首先应根据獭兔品系、年龄、生理阶段选择适当的饲养标准。这是提高配合饲料实用价值的前提，是使配合饲料满足营养需要、促进生长发育、提高生产性能的基础。在选择饲养标准时，要尽量选用本地区和国内的标准，实在没有时再参考国外和其他地区的标准，并要根据实际情况不断调整。

（2）所参考的饲料成分及营养价值表要与所选用的饲料相符　因为地理环境和气候条件不同，不同产地的饲料在营养成分含量上是有差异的，所以在饲料配合时应尽量参考与所用饲料产地相符的饲料营养成分及营养价值表。

（3）因地制宜，充分利用当地资源以提高经济效益　要尽量选用本地产、数量大、来源广、营养丰富、质优价廉的饲料进行配合，以减少运输消耗，降低饲料成本。

（4）由多种饲料组成　饲料的多样化可起到营养互补的作用，有利于提高配合饲料的营养价值，一组好的配合饲料，在配料组成上不应少于 3～5 种。

（5）考虑饲料的适口性　要选用适口性好、易消化的饲料。獭兔较喜欢带甜味的饲料，喜食的次序是青饲料、根茎类、潮湿的碎屑状软饲料（粗磨碎的谷物、熟的马铃薯）、颗粒料、粗料、粉末状混合料。在谷物类中，喜食的次序是燕麦、大麦、小麦、玉米。

（6）要符合獭兔的消化生理特点　獭兔是草食动物，饲料中应有相当比例的粗饲料，精、粗比例要适当，粗纤维含量为 12％～15％，但在全价配合饲料中仅按风干物质的营养计算。为便于初学者入门，现将獭兔日粮中不同饲料品种的搭配比例列出，供参考，见表 6-8。

表 6-8 不同饲料品种在饲料配方中的大致比例

饲料品种	大致比例（%）	饲料品种	大致比例（%）
干草秸秆类	30～50	钙磷类矿物质饲料	1～3
能量饲料	20～35	食盐	0.3～0.5
糠麸类	10～35	微量元素、维生素	0.5～1
动物性蛋白饲料	0～5	有毒饼粕（棉籽饼、菜籽饼）	<8
植物性蛋白饲料	5～25		

（7）**考虑饲料的特性** 某些饲料除了具有营养价值外，还有一些其他特性，如有毒有害物质含量、适口性和加工特点等。在饲料配合时应考虑饲料的这些特性，以避免对獭兔的采食及消化代谢产生影响。

76. 獭兔日粮配合的常用方法有哪些？

獭兔日粮配合的方法很多，目前在生产实践中常用的主要有电脑运算法和手算法。

（1）**电脑运算法** 运用电脑制订饲料配方，主要根据所用饲料的品种和营养成分、獭兔对各种营养物质的需要量及市场价格变动情况等条件，将有关数据输入计算机，并提出约束条件（如饲料配比、营养指标等），根据线性规划原理很快就可计算出能满足营养要求而价格较低的饲料配方，即最佳饲料配方。

电脑运算法配方的优点是速度快，计算准确，是饲料工业现代化的标志之一。但需要有一定的设备和专业技术人员。

（2）**手算配方法** 手算饲料配合方法包括试差法、公式法和对角线法等，其中以"试差法"较为实用。现以生长兔饲料配方为例，举例说明如下。

①第一步 查出营养需要量。根据本章第三节獭兔建议营养供给量，每千克生长兔饲料中应含消化能 10.29～10.45 兆焦，粗蛋白质 16%，粗纤维 10%～14%，钙 0.5%～0.7%，磷 0.3%～0.5%。

②第二步　从饲料营养成分表中查出各自的营养成分，见表6-9。

表6-9　饲料营养成分表

饲料	消化能（兆焦/千克）	粗蛋白质（%）	粗纤维（%）	钙（%）	磷（%）
稻草粉	5.52	5.4	32.7	0.28	0.08
玉米	15.44	8.6	2.0	0.07	0.24
大麦	14.07	10.2	4.3	0.10	0.46
麸皮	11.92	15.6	9.2	0.14	0.96
豆饼	14.37	43.5	4.5	0.28	0.57

③第三步　以现有的饲料原料为基础，根据经验初步拟出饲料配方，然后根据饲料所含营养成分计算出初步配方中的各指标的营养需要量，见表6-10。

表6-10　饲料初步配方

饲料	配合比例（%）	消化能（兆焦/千克）	粗蛋白质（%）	粗纤维（%）	钙（%）	磷（%）
稻草粉	30	1.657	1.620	9.81	0.084	0.024
玉米	18	2.779	1.548	0.36	0.002	0.043
大麦	20	2.814	2.040	0.86	0.020	0.093
麸皮	15	1.788	2.340	1.38	0.021	0.114
豆饼	15	2.156	6.525	0.675	0.042	0.086
合计	98	11.194	14.070	13.085	0.169	0.360
营养需要		10.29～10.45	16	10～14	0.5～0.7	0.3～0.5
比较			−1.93			

以上配方所含消化能和粗纤维已经满足需要，粗蛋白还缺1.93%，应该增加蛋白饲料的比例，钙、磷最后考虑。

④第四步　调整配方用一定量蛋白质含量高的豆饼代替等量玉米，所代替的比例确定如下：

每使用1%的豆饼替代玉米可使蛋白增加0.435−0.086＝0.349，

要使蛋白质比例达到 16％，豆饼比例应该增加

1.93/0.349×100％≈5.5％，同时玉米的比例应该减少 5.5％。

调整后饲料配方见表 6-11。

表 6-11　调整后饲料配方

饲料	配合比例（％）	消化能（兆焦/千克）	粗蛋白质（％）	粗纤维（％）	钙（％）	磷（％）
稻草粉	30	1.657	1.620	9.81	0.084	0.024
玉米	12.5	1.930	1.075	0.25	0.001	0.030
大麦	20	2.814	2.04	0.86	0.020	0.093
麸皮	15	1.788	2.34	1.38	0.021	0.114
豆饼	20.5	2.946	8.918	0.923	0.057	0.117
合计	98	11.135	15.993	13.223	0.183	0.378

同营养需要相比较，消化能、粗蛋白和粗纤维已经基本满足需要，磷也满足，只是钙不足，添加石粉来满足钙的需求。1.5％的石粉可增加钙 1.5％×35％（石粉含钙为 35％）＝0.525％，这时钙为 0.525％＋0.183％＝0.708％，已经满足需要，剩下 0.5％加食盐。

⑤第五步　根据调整结果列出饲料最后的配方和营养价值，见表 6-12。

表 6-12　生长兔饲料配方表

饲料	配合比例（％）	营养价值	
稻草粉	30	消化能（兆焦/千克）	11.14
玉米	12.5	粗蛋白（％）	16
大麦	20	粗纤维（％）	13
麸皮	15	钙（％）	0.71
豆饼	20.5	磷（％）	0.41
石粉	1.5		
食盐	0.5		
合计	100		

第七章　獭兔的饲养管理

77. 獭兔饲养管理的基本原则有哪些?

（1）**青粗饲料为主，精饲料为辅**　因为獭兔是单胃草食动物，具有草食动物的消化生理结构与功能，故在饲养过程中应以喂草为主，使獭兔的日粮中含有足够的粗纤维，如日粮中粗纤维含量过少，獭兔的正常消化功能就会受到扰乱，甚至引起腹泻。所以，养獭兔要以青粗饲料为主，精饲料为辅。即使现代化集约兔场全部用颗粒饲料喂兔，也要遵循这一原则，在颗粒饲料中要添加适当比例的青粗饲料（如苜蓿粉等）。獭兔能很好利用多种植物的茎叶、块根和果实、叶菜等饲料，每天能采食占自身重量的 $10\% \sim 30\%$ 的青饲料，并能利用植物中的粗纤维。当然，要使獭兔完全发挥其生产性能，获得理想的饲养效果，完全依靠饲草是不能满足獭兔的生长发育及生产的营养需要的，还必须适当地补充一部分精料、维生素和矿物质饲料。在养兔实践中要纠正两种偏向：一种认为兔是草食动物，只喂草（甚至质量低劣的草）不补料也能养好，结果造成兔的生长慢、生产性能下降、效益差；另一种认为要使兔快长高产，必须喂给大量精料，甚至单纯喂精料不喂草，结果发生严重的消化道疾病，甚至死亡。合理的方法是在保证獭兔的营养需要的前提下，尽量饲喂较多的青粗饲料。

（2）**合理搭配，饲料多样化**　獭兔所采食的各种饲料中所含的营养成分不同，而獭兔需要多种营养成分。如果饲喂单一的饲料，不仅不能满足獭兔的营养需要，还会造成营养缺乏症，从而导致獭兔生长发育不良。多种饲料合理搭配就能取长补短，使獭兔获得全价营养。如禾本科籽实，一般含赖氨酸和色氨酸较少，而豆科籽实含赖氨酸和色氨酸较多，这两类饲料合理搭配，就能取长补短，营养全面。同样道理，青粗饲料也要多样化，比喂单一种饲料营养全面。

（3）**饲喂定时、定量、定质，更换饲料逐渐进行** 獭兔的饲喂方式有两种：一种是自由采食（即不定量饲喂），通常集约化獭兔场采用全价颗粒饲料喂兔多采用这一方式；另一种是限量（即定量）饲喂，我国广大农村多实行限量饲喂即定时定量，这样不仅可减少饲料浪费，而且有利于饲料的消化吸收。具体怎样进行定时定量饲喂，要根据各类獭兔在每个阶段所处的生长发育强度不同，决定饲喂的次数和时间，一般情况是幼兔的饲喂次数多于青年兔，青年兔多于成年兔。定量就是根据不同品种、性别、年龄及生产性能等营养的需要，科学地制订出饲料喂量。獭兔的定量标准见表7-1、表7-2。

表7-1 兔干草日喂量与体重比例

体重（克）	日喂量（克）	占体重比例（%）	体重（克）	日喂量（克）	占体重比例（%）
500	155	31	2 500	325	13
1 000	220	22	3 000	360	12
1 500	255	17	3 500	385	11
2 000	300	15	4 000	400	10

表7-2 生长兔颗粒饲料日喂量

兔龄（周）	体重（克）	日增重（克）	日喂量（克）
4	600	20	45
5	800	30	70
6	1100	40	100
7	1420	45	135
8	1782	50	135
9	2025	40	140
10	2300	35	140
11	2500	30	140
平均		36	112

一般农户喂獭兔的饲料随季节而变化，夏秋季以青饲料为主，冬春季以干草和块根、块茎类饲料为主，变换饲料时，新换的饲料量要逐渐增加，使獭兔对新饲料有个适应的过程。如果饲料突然变换，不仅会引起食量下降，甚至会引起消化机能紊乱，易患肠胃病。

（4）**注意饮水卫生，添足夜草** 一般都不把水作为营养物质考虑，所以在饲养标准中也未列入。实际上，水分是动物除空气外最迫切需要的养料。兔体组成离不开水（兔体含水约 70％），饲料的消化吸收，养料的输送，废物的排泄，体温的调节以及体内渗透压维持，减少关节摩擦等都是必需的。兔如长期缺水，可引起消化障碍，产生便秘，肾、脾肿大，生长缓慢，体重下降等，如失去体内水分的20％，会引起死亡。所以，在日常饲养管理中不可忽视供水。獭兔需水量一般为每天每千克体重 100 毫升左右，为饲料干物质的 2 倍。当然，饮水量与季节、饲料特性、年龄及生理状况等因素有关。炎热的夏季需水分较多。大量喂青绿多汁饲料，可减少供水。幼兔生长发育快，需水量更大。母兔分娩时失水较多，如供水不足，易发生吃仔兔现象。

必须保证提供的饮水清洁卫生，符合人饮用水标准，最理想的水源为深井水。做到不饮污染水（被粪便、污物、农药等污染）、不饮死塘水（不流动的水源，特别是由降雨而形成的坑塘水）、不饮隔夜水、不饮冰冻水等。

在保证充足饮水的同时，还要注意水的清洁卫生，尤其是夏季，饮水器一定要定时刷洗和消毒。獭兔和其他兔一样为夜行性动物，白天活动减少，夜间活跃，在夜间采食量和饮水量都大于白天，根据獭兔这一习性，适当更改饲养员的作息时间，在晚上给獭兔添加充足的夜草，供夜间采食，特别是在夏季和冬季，更应如此。

违背獭兔习性，仅注意白天饲喂，夜间空槽，饲养的效果较差。

（5）**搞好饲料调制，保证饲料品质** 獭兔对饲料的选择比较严格，凡被践踏、污染的草料，霉烂、变质的饲料，一般都拒绝采食。因此，喂獭兔的饲料必须清洁、新鲜。为了改善饲料的适口性和提高消化率，各种饲料在饲喂前必须进行适当的加工调制。

青草和蔬菜类饲料应先剔除有毒、带刺植物，如受污染或夹杂泥沙则应清洗后晾干再喂。水生饲料更要注意清除霉烂、变质和污染部分，最好晾干后再喂。对含水量高的青绿饲料应与干草搭配饲喂，单喂效果不好。

粗饲料（干草、秸秆、树叶等）应先清除尘土和霉变部分，最好粉碎制成干草粉与精料混合拌水或制成颗粒饲料饲喂。块根类饲料要经过挑选、洗净、切碎，最好刨成细丝与精料混合喂给；冰冻饲料一定要解冻或煮熟后方可饲喂。

谷物饲料（玉米、大麦、小麦等）和油饼类饲料均须磨碎或压扁，最好与干草粉拌湿或制成颗粒饲料喂给。

(6) 注意清洁卫生，保持兔舍干燥 獭兔是喜清洁爱干燥的动物，其体质比较弱，抗病力差，肮脏潮湿的环境是诱发獭兔疾病，特别是某些消化道疾病、寄生虫病等的最主要原因。因此，每天清扫兔舍、兔笼，定期对兔舍内及周边地面、兔笼、食槽、水槽、产仔箱消毒，经常保持兔舍干燥、卫生，使病原微生物无法生存、繁殖，是增强獭兔体质、预防疾病的关键措施，也是獭兔饲养管理上一项日常管理程序。

兔舍、兔笼及用具的消毒间隔时间，因季节、消毒对象而有一定的差异。在冬季，兔舍地面、兔笼至少应每月消毒一次，食槽、水槽每半月消毒一次；夏季环境潮湿，病原微生物滋生很快，消毒的间隔时间应相应缩短，兔舍地面、兔笼每半月一次，食槽、水槽每周一次。

不同的消毒对象，采用的消毒方法亦各不相同。兔场进口处设消毒池、内放草垫，倒入5％的火碱溶液或20％新鲜石灰乳、0.1％的过氧乙酸溶液，使药液略浸过草垫，让行人、车辆通过时消毒。

兔舍入口处可设小的消毒池或消毒室，消毒室内采用紫外线消毒（1瓦/米^2、高度2米、消毒5～10分钟）。兔舍地面、兔笼、墙壁可先清扫、冲洗干净，然后用3％热火碱溶液或0.3％的新洁尔灭溶液、1∶300农福液喷洒消毒。

兔笼可用汽油喷灯进行火焰消毒，效果更佳。但应注意，用火碱等腐蚀很强的药液消毒兔笼底板时，应过一定时间用清水冲去药液，再放进獭兔，在梅雨季节，兔舍内地面可经常铺撒一层生石灰粉，既消毒又吸潮。

食槽、水槽等用具消毒前应洗净，用0.05％的新洁尔灭液浸泡30～60分钟，取出用清水冲洗。产仔箱可用0.1％～0.5％的过氧乙酸等喷洒消毒。

室内室外可用紫外线消毒，每次 30～60 分钟。也可移走獭兔，采用熏蒸法消毒，每立方米空间用甲醛 14 毫升，高锰酸钾 7 克。受过严重污染的兔舍可采用 3 倍用量，即甲醛 42 毫升，高锰酸钾 21 克，密闭门窗不少于 48 小时，再打开通风；或用过氧乙酸按每立方米 2～3 克，稀释成 3%～5% 的溶液，加热熏蒸后密闭 24 小时。

饲养人员搞好自身的卫生，工作服要及时清洗消毒，当接触或处理病兔后，手，鞋、衣服一定要严格消毒后再使用，否则极易传播疾病。

（7）保持兔舍安静，减少外界干扰　獭兔的听觉灵敏，胆小怕惊，经常竖起耳朵来听四面传来的声响，一旦有突然的声响或有陌生人和动物等出现，就立即惊恐不安，在笼内乱窜乱跳，并常以后脚猛力拍击兔笼的底板，发出响亮的声音，从而引起更多兔的惊恐不安。所以，在日常饲养管理过程及操作时动作要轻缓，尽量保持兔舍内外的安静，避免因环境改变而造成对兔有害的应激反应。同时，要注意预防狗、猫、鼠、蛇等敌害的侵袭及防止陌生人突然闯入兔舍。

过于安静的环境在生产实际中很难做到。且经常在安静环境里生活的獭兔对于应激因素的敏感度增加。因此，饲养人员在兔舍内进行日常管理时，可采取饲喂前轻轻敲击饲槽、播放一定的轻音乐等方式有意识地打破过于寂静的环境，以提高獭兔对环境的适应性。

（8）夏季防暑，冬季防寒，雨季防潮　獭兔怕热，兔舍温度超过 25℃，獭兔食欲就会下降，同时也会影响獭兔的正常繁殖。因此，夏季应该做好防暑工作，兔舍门窗应该打开，以利通风降温，兔舍周围宜植树，或者种植一些一年生的藤蔓植物如丝瓜、南瓜等进行遮阳。如气温过高，舍内温度超过 30℃ 时，应该在兔笼周围洒凉水进行降温。同时喂给清洁饮水，水内加少许盐，补给獭兔体内盐分的流失，并有利于兔体散热。有条件的话可以在兔舍内安装空调、风扇等降温设备，保持舍内温度相对稳定。

寒冷对獭兔也有影响，舍内温度降到 15℃ 以下时就会影响公、母兔的正常繁殖。因此冬季要防寒，加强保温措施。在寒冷的季节，要及时关闭门窗防止贼风侵袭，铺设垫草保温，朝北面的窗户要挂帘子或者封死。特别是在我国北方的一些地方，冬季气温很低，要在兔舍内安装取暖设备，保持舍内温暖。

獭兔喜欢干燥，舍内潮湿易引发多种疾病，雨季是獭兔一年中发病率和死亡率最高的季节，此时应特别注意舍内干燥，垫草应勤换，兔舍地面应勤扫，在地面上撒石灰或很干的草木灰，吸收湿气，保持干燥。

(9) 分群管理 为适应獭兔的生长发育和繁殖，应分群管理，按年龄、性别、色型特征等分群饲养。3月龄以上青年兔应按性别分群，群养獭兔应按性别、年龄和色型特征分群。目前，有些地方的不同性别、年龄的混群养法是很不科学的，在生产上不便管理且经济上也受一定损失，应加以改进。对种公兔和繁殖母兔必须单笼饲养，繁殖母兔必须有产仔笼或者产仔箱。

(10) 加强运动 适当的室外运动可促进獭兔的新陈代谢，增进食欲，增强抗病能力。栅栏式饲养的獭兔一般不会缺少运动，而笼养獭兔因活动面积较小，容易引起运动不足。为增强獭兔体质，应适当增加运动，最好在兔舍周围设几个面积为 2~3 米^2 的砂质或水泥场地，四周围以 1 米高的围栏，每周放出运动 1~2 次，每次自由活动 1~2 小时，运动结束后应按原号归笼，不要放错笼位。成年种公兔要单个运动，以防相互咬伤，特别是睾丸咬坏，失去配种能力。

(11) 密切观察，加强疾病防治 獭兔抗病力差，一旦患病，如不能及时发现、治疗，往往造成大批死亡。因此，饲养人员每天早晚应仔细观察獭兔精神好坏、食欲强弱、活动状况、呼吸情况及粪便形态、多少、鼻孔周围有无分泌物、被毛是否有光泽等，以便及时发现病兔，及时治疗。同时要严格遵守兽医防疫制度，杜绝传染病的发生。

(12) 做好生产记录 每天做好生产记录工作。生产记录包括管理程序、饲料种类、产品数量、兔群周转、气象等资料，对这些资料要认真详细做好记录，及时汇总，并妥善保管，以便指导生产提供科学依据。

78. 怎样正确捉兔？

捉兔是日常管理中经常要遇到的，如发情鉴定、妊娠检查、疾病诊断、药物注射等。捉兔方法应正确，否则易造成不良后果。

捉兔前，可将笼内食槽、水盆取走，右手从兔前部阻挡兔子，使其匍匐不动，随即把耳朵轻轻地压在肩峰处，并抓住颈部皮肤，将其提起。随后左手托住臀部，使兔重心移到右手上。移兔时，为防止兔的脚爪蹬地、挣扎而嵌入踏板缝隙，造成骨折，可将兔以背部向外的方式倒退离开兔笼（图7-1、图7-2）。

图7-1　捉獭兔的方法1

图7-2　捉獭兔的方法2

为防止兔爪抓伤皮肤，应使兔四肢向外，背部向人的胸部。对于有咬人恶癖的兔子，可先将其注意力移开（如以食物引逗），然后再迅速抓住其颈肩部皮肤（图7-3）。

捉兔时绝不可提捉兔子的耳朵、两后肢或前肢、腰部及其他部位，以免造成獭兔伤亡。对于妊娠母兔，在捕捉中更应慎重，以防流产。

图7-3　正确捉拿獭兔的方法

79. 怎样进行獭兔的公母鉴别？

仔兔出生后需要作性别鉴定时，一般可通过观察阴部生殖孔形状和与肛门间距来识别。孔洞扁形而略大，与肛门间距较近者为母兔；孔洞圆形而较小，与肛门间距较远者为公兔。

开眼后的仔兔，可检查其生殖器。可用左手抓住仔兔耳颈部，右手食指与中指夹住仔兔尾巴，用大拇指轻轻向上推开生殖器，公兔局部呈 O 形，并可翻出圆筒状突起；母兔则呈 V 形，下端裂缝延至肛门，无明显突起（图 7-4）。这种方法简便准确，容易掌握。

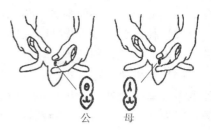

图 7-4　獭兔的公母鉴别

　　3 月龄以上的青年兔，鉴别比较容易，一般轻压阴部皮肤张开生殖孔，中间有圆柱状突起者为公兔，有尖叶形裂缝朝向尾部者为母兔。

80. 怎样进行獭兔的年龄鉴别？

　　獭兔最准确的年龄鉴别就是查看獭兔记录档案。如果在无记录可查的情况下，只能根据獭兔体表与外形大概估计，即按老、中、青三个档次大体区别一下。一般认为，6 个月至 1.5 岁的兔为青年兔，1.5～2.5 岁的兔为壮年兔，2.5 岁以上的兔为老年兔。鉴别时一般依据趾爪（图 7-5）、牙齿、被毛等情况来判断。

青年兔　　　　壮年兔　　　　　　老年兔

图 7-5　不同年龄獭兔的趾爪

　　（1）青年兔　青年兔趾爪短细而平直，有光泽，隐藏在脚毛之中。白色兔趾爪的颜色基部呈粉红色，尖部呈白色。青年兔的趾爪红色多，白色少。一般情况下，红色和白色相等约 12 月龄，红色多于白色不足 1 岁。青年兔眼神明亮，行动活泼，皮板薄而紧密，富有弹性，门齿洁白、短小而整齐，齿间隙极小。

（2）壮年兔　趾爪较长，白色稍多于红色。行动敏捷，精神饱满。牙齿呈白色，稍长大，粗糙，较整齐。皮肤结实紧密。

（3）老年兔　趾爪粗糙，长而不整齐，爪尖弯曲或折断，约一半趾爪露在脚毛之外。趾爪白色部分多于红色部分。眼神颓废，行动迟缓，门齿浅黄，厚而长，粗糙，不整齐，有破损，齿间隙大。

81. 怎样给獭兔进行编号？

为了便于日常管理和生产性能的记录以及选种、选配和进行科学试验，对种兔及试验兔应进行编号。

编号在仔兔断乳前进行，同时进行造册登记。一般习惯将耳号打在一个耳朵上，公兔在左耳，母兔在右耳。有的习惯公兔用奇数，母兔用偶数。

具体编号方法如下：

（1）针刺法　在兔耳内侧中间无血管处用蘸水钢笔（笔尖在石头上磨掉尖部突出物）蘸取用食醋研的墨汁（墨汁中加入适量的醋亦可），刺破表皮，达到真皮即可。刺时笔尖不可刺穿耳壳皮肤，要用力均匀，深浅一致，刺点距离匀称。

图7-6　獭兔针刺编号

数日后就成为永不褪色的蓝色号码。此法简便，适合采用（图7-6）。

（2）标戳　用大头针排成号码，铸在石膏上或熔铸在铝金属上，制成不同号码的戳印。在编号时，先在兔耳壳内侧中部消毒，然后涂些醋墨，再用戳印按刺一下即成。

（3）耳标钳　用特制的耳标钳（图7-7），按一定的号码，在已消毒、涂墨的耳壳内侧钳压一下即成（图7-8）。

图7-7　耳号钳及耳号

图 7-8 獭兔耳号钳编号

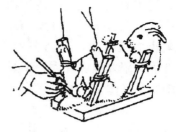

图 7-9 阉割法

（4）耳标法 在铝制耳标上预先打印好要编的号码，然后卡在耳朵上。上耳标时，需两个人进行，一人将兔保定，另一人在耳朵根部上边内侧无毛处，先消毒，然后用小尖刀扎一个小口，将耳标穿进小口，围成圆圈进行固定即可。此法常使兔疼痛难忍，发出叫声，故不多采用。

82. 怎样给獭兔公兔进行去势？

公兔性成熟后会出现好动、相互爬跨、厮打现象，公兔 3 月龄后只能单笼饲养。商品兔及淘汰的种兔单笼饲养，则成本较高。公兔去势后性情温驯，饲料消耗减少，生产性能提高，减少对兔笼的啃咬破坏。同时可提高獭兔皮张质量。去势后的公兔性腺萎缩，基本除去了公兔性腺特有的膻臭味，提高了肉品质量。凡不留做种用的小公兔都应进行去势。去势方法如下：

（1）阉割法 阉割时，将公兔腹部向上，用绳子将四肢分开绑在桌角上。以后，先用左手将睾丸由腹腔挤入阴囊并捏紧固定，然后用酒精消毒切口处，再用消过毒的刀子将阴囊纵切一个小口，将睾丸挤出。如果是成年大公兔，由于血管较粗，为防止出血过多，可采用捻转止血法止血，或进行结扎，然后切断精索。用同样的方法摘除另一侧睾丸。最后，在切口处用碘酒消毒（图 7-9）。术后细心护理饲养，以防伤口感染。实践证明，阉割去势法比较好。去势后，伤口愈合快，兔的痛苦较小。

（2）结扎法 用上述固定方法将睾丸挤到阴囊中，再在睾丸下边精索处用尼龙线扎紧，或用橡皮筋套紧，两侧睾丸分头进行。采用此法，能阻止血液流通，达到去势的目的。结扎后，睾丸很快肿大，半月后逐渐萎缩脱落（图7-10）。

图7-10　结扎法

（3）药物去势法　用3％的碘酒注入睾丸，每只睾丸注射0.5～1.0毫升。注射后，睾丸肿胀，半月后逐渐萎缩消失。此法适用于性成熟后睾丸已下降到阴囊中的较大公兔。

注射时一定要将药液注在睾丸正中。药液注在睾丸外边能引起死亡。

83. 怎样给獭兔剪爪？

爪是皮肤的硬角质化衍生物，有保护脚趾、挖穴打洞、搏斗的功能。兔爪在野生或地面散养条件下，由于与地面的不断接触磨损，始终保持适宜长度。但是在笼养条件下，爪失去了磨损环境，导致越长越长，甚至畸形生长、端部带勾、左右弯曲等，迫使獭兔用跗关节着地。久而久之，跗关节肿胀发炎，甚至发生脚皮炎，影响兔的活动，特别是影响种兔的配种。因此，成年兔应该剪爪。

剪爪可用普通的果树剪枝剪。方法是，术者左手提起兔的肩胛皮肤，使其臀部轻轻着地，右手持剪在兔爪红线（爪心血管）外端0.5～1厘米处剪断，成年兔应2～3个月修爪一次。剪爪时，若经验不足，宜二人操作。

84. 养好种公兔的目的是什么？

种公兔对后代的影响要比母兔大得多，其优劣对兔群质量影响很大。对种公兔饲养管理的目的是使公兔体质健壮，性欲旺盛，精液品质优良，及时完成配制任务。种公兔饲养管理的好坏，直接影响母兔的受胎率、产仔数及仔兔的生活力。

85. 怎样对非配种期种公兔精心饲养管理？

獭兔繁殖虽然没有明显的季节性，但由于受气候条件和饲料条件等因素的影响，配种繁殖也有旺季和淡季的区别。自然条件下春秋集中繁殖配种，夏季和冬季停止或减少繁殖。种公兔不进行配种繁殖的时期就是非配种期，其饲养管理技术如下：

（1）饲养技术　非配种期的种公兔需要恢复体力，保持适当的膘情，不能过肥或过瘦，需要中等营养水平的饲料。日粮中应以青绿饲料为主，补充少量的混合料。

（2）管理技术　采用单笼饲养，有条件的兔场可以建造种兔运动场，每周运动2次，每次1～2小时。规模化和工厂化兔场可以适当加大种公兔笼的尺寸，增加活动空间。

86. 配种期种公兔的饲养管理措施有哪些？

配种期种公兔除了自身的营养外，还担负着繁重的配种任务。公兔配种能力与精液品质、质量密切相关，而精液品质又受到日粮营养水平的影响。确定种公兔营养的依据是其体况、配种任务及精液的品质质量。

（1）饲养技术

①能量　不能过高或过低。能量过高，容易造成过肥，性欲减退，配种能力差。能量过低，公兔过瘦，精液产量少，配种能力也差，效率低。种公兔日粮一般保持中等能量水平。

②蛋白质　蛋白质水平直接影响精液的生成和激素、腺体的分泌。蛋白质不足，会使种公兔性欲差，射精量、精子密度和精子活力受到不良影响，导致配种受胎率降低。补充蛋白质类饲料如花生饼、豆饼、鱼粉等会使配种效果逐渐变好。所以，要求配种期种公兔的蛋白质水平不低于15％。

在保证日粮蛋白质水平的同时，还应考虑氨基酸的平衡。由于低蛋白质水平日粮对精液品质的影响具有延续性和滞后效应，蛋白质水平提高的正面效应需 20 天左右的时间才能实现。所以，在配种期到来前应提前补充日粮蛋白质。

③维生素 维生素 A、维生素 E 和 B 族维生素对公兔精液品质的影响较大。特别是维生素 A 缺乏时，会导致生精障碍，睾丸精细管上皮变性，畸形精子增多，精液品质降低。生长公兔生殖器官发育不全，睾丸组织较小，性成熟延缓，配种受胎率降低。所以，应在保证精料的同时适当补充优质干草、多汁饲料（如胡萝卜、大麦芽等），丰草期可加大青绿饲料的给量。也可以通过维生素添加剂的方式补充。

④矿物质 特别是钙、磷，为精液生成所必需，对精子活力也有很大影响。钙、磷缺乏，精子发育不全，活力减弱，公兔四肢无力。微量元素硒也和繁殖性能有关。所以，日粮中应保持充足的矿物质。常采用添加剂的形式补给。

种公兔的饲养是一项综合措施，在配种季节，应注意保证日粮中的营养水平。每千克日粮消化能水平不得低于 10.46 兆焦，蛋白质含量不能低于 17%，还应适量添加动物性蛋白质饲料如鱼粉、肉骨粉等，注意饲料中维生素的水平，及时添加维生素添加剂。

（2）管理技术 全面、充足的营养能保证种公兔旺盛的精力、健壮的体质和良好的精液品质，科学的管理技术也能保证公兔较长的利用年限和较高的配种能力。

獭兔一般 3～4 月龄性成熟，6～7 月龄才能达到配种年龄。种公兔一般在 7～8 月龄第一次配种，使用年限为 2 年，特别优良者最多不超过 4 年。

科学的使用方法应该是：青年公兔每天配种 1 次，连续配种 2 天休息 1 天；初次配种的公兔实行隔日配种法，也就是交配 1 次，休息 1 天；成年公兔 1 天可交配 2 次，连续配种 2 天休息 1 天。要充分保证适当的配种间隔，因为公兔配种负担过重，持续时间长，可导致性机能衰退，精液品质下降，排出的精子中未成熟精子数增加，致使母兔受胎率低。

配种任务过轻或长期不配种，公兔性兴奋得不到满足，睾丸产生精子的机能减弱，精子活力低，甚至产生畸形精子、死精子。

种公兔的配种能力和季节有很大关系。一般春秋季公兔性欲强，精液品质好，受胎率高；冬季次之，夏季最差。春秋季节是配种繁殖的最好时期，也是公兔的换毛季节，应增加饲料中蛋白质的供给。夏季气温高，特别是在30℃以上持续高温天气时，睾丸萎缩，曲细精管萎缩变性，会暂时失去产生精子的能力，此时配种不易怀胎。这就是常说的"夏季不育"。有资料报道，夏季睾丸的体积比春季缩小30％～50％。而此时睾丸受到的破坏，在自然条件下需1.5～2个月才能恢复，且恢复时间的长短与高温的强度和时间成正相关。这样又容易形成秋季受胎率不高。消除"夏季不育"的唯一办法是给公兔创造良好的条件，免受高温侵扰。缩短恢复期则可通过提高营养水平（蛋白质、矿物质、微量元素和维生素等）；额外补加维生素 E，使日粮中维生素 E 达到 60 毫克/千克，添加硒（0.35 毫克/千克）、维生素 A（日粮中每千克含 12 000 国际单位）、微量元素（50～100 毫克/千克）；或每5～7天肌内注射一次促排卵2号或3号，连续注射4～5次等措施来实现。市场上也有"兔用抗热应激制剂"可以使暑热后期种公兔精液品质的恢复时间缩短 20～27 天，种母兔的受胎率显著提高，显著减少生长兔的热应激。

由于公兔对环境比较敏感，应尽量减少刺激。交配时应将母兔放入公兔笼内或将公、母兔放在同一运动场来进行。保持合适的公、母兔比例结构是管理技术的重要内容，在大中型兔场，每只公兔固定配母兔 10～12 只为宜。在种公兔群中，壮年公兔和青年后备公兔应保持合适的比例，一般壮年公兔占 60％，青年公兔占 30％，老年公兔占 10％。

87. 怎样对空怀期母兔进行饲养管理？

空怀期是指从仔兔断奶到下次配种受孕的间隔期。由于母兔在哺乳期消耗了大量养分，体质瘦弱，此期母兔的主要任务就是恢复膘情，调整体况。饲养管理的主要任务是防止过肥或过瘦。空怀母兔的饲料主要以青绿饲料为主，在丰草期，体重3～5千克的母兔每天可喂青绿饲料 600～800 克，补加 20～30 克混合料；枯草期可喂优质干草 125～175 克，多汁饲料 100～200 克，混合料 35～40 克。对于体质较差的母兔，在保证青粗饲料的同时，适当增加精料的比例或供给量，日加精料 50～100 克；体况较好的母兔，应注意增加运动，加大青绿饲料、粗饲料的供给，这样利于减膘，增强体质。对于长期不发情的母兔，可实施异性诱情或人工催情，或用催情散（淫羊藿 19.5%，阳起石 19%，当归 12.5%，香附 15%，益母草 19%，菟丝子 15%），每天每只 10 克拌于精料中，连服 7 天。对于采用频密繁殖或半频密繁殖的母兔，由于獭兔本身营养的大量消耗，饲喂高营养水平的饲料是保持其基本体况的物质基础。空怀期的母兔一般应保持七八成膘的水平。

空怀期的母兔可单笼饲养，也可群养。但必须观察其发情情况，做到适时配种。空怀期的长短可根据母兔的生理状况和实际生产计划合理安排。农户饲养条件下，獭兔每年可繁殖 4～5 胎。

对于仔兔断奶后体质瘦弱的母兔，应适当延长休产期。不要一味追求繁殖的胎数，否则将影响母兔健康，使繁殖力下降，也会缩短优良母兔的利用年限。

88. 怎样对妊娠期的母兔进行饲养管理？

妊娠期是指配种怀胎到分娩的一段时间。母兔妊娠期一般为29～32 天。妊娠期母兔的营养需求有明显的阶段性。妊娠期可以分为三个阶段：1～12 天为胚期；13～18 天为胚前期；19 天以后至分娩为胎儿期。胚期和胚前期以细胞分化为主，胎儿发育较慢，增重仅占整个胚胎期的 1/10 左右，所需的营养物质不多、一般按空怀母兔的营养水平或略高即可，但要注意饲料质量，营养要平衡。胎儿期（19天以后），胎儿处于快速生长发育阶段，重量迅速增加，其增重相当于初生重的 90%。胎儿生长强度大，需要的营养也多，饲养水平应为空怀母兔的 1～1.5 倍，而且妊娠后期应增加精料的供给量，同时注意蛋白质、矿物质饲料的供给。各阶段的喂量大致为：前期日喂青草 500～750 克，精料 50～100 克；15 日后逐渐加精料，20～28 天可日喂青草 500～750 克，精料 100～125 克；28 天后母兔食欲不振，采食量减少，宜喂给适口性好、易消化、营养价值高的饲料，以避免绝食，防止酮血症发生。母兔妊娠期能量水平过高，对繁殖不利，不仅产仔数减少，还可以导致乳腺内脂肪沉积，产后泌乳量减少。妊娠母兔的饲喂方式不能沿用一般的定时定量，应自由采食。

母乳妊娠后营养水平在短时期内大幅度提高，特别是能量水平，会导致胎儿早期死亡。

对于膘情较好的妊娠母兔，采用的饲喂方法是"先青后精"，即妊娠前期以青绿饲料为主，随着妊娠日龄的增加，妊娠后期适当增加精料喂量。对于膘情较差的母兔，可以采用"逐日加料法"，即从妊娠的开始除了喂给充足的粗饲料外，还应补加混合精料，以利于膘情的恢复。

妊娠期的管理中心任务是保胎防流产。流产一般多发生在妊娠15～25 天，此时要保持安静，不能大声喧哗。引起流产的原因有多种，突然改变饲料及饲喂制度，或饲料发霉变质，挤压、惊吓、摸胎方法不正确，疾病等都可能引起母兔的流产，应针对具体原因采取相应的措施。

妊娠后期要做好接产准备。一般产前 3 天（即妊娠 27～28 天）将消毒过的产仔箱放入母兔笼内，垫上柔软垫草，让其熟悉环境。对于血配母兔，产前强制断乳。母兔在产前 1～2 天要拉毛做窝，对于初产母兔产前或产后可人工辅助拉毛。

獭兔分娩多在清晨，一般产仔都很顺利。每 2～3 分钟产 1 只，15～30 分钟产完。个别母兔产几只休息一会儿。有的甚至会延至第二天再产，这种情况大多是产仔时受惊吓造成的。冬季应注意观察，防止母兔将仔兔产于产仔箱外而使仔兔受冻致死。

母兔有临产表现时，应加强护理，防止仔兔产于箱外。母兔产后应将产仔箱取出，清点仔兔，称初生窝重，剔除死胎、畸形胎和弱胎。

母兔产后由于失水、失血过多，腹中空瘪，口渴饥饿，应准备淡盐糖水。产后母兔体力大量消耗，应保持环境的安静，避光静养。母兔分娩 1 周内应服用抗菌药物，可预防母兔乳房炎和仔兔黄尿病，提高仔兔成活率，促进仔兔生长发育。

在实际生产中，有的母兔妊娠期较长。如果超过预产期 3 天还未能分娩就应该采取催产措施，简单易行又行之有效的方法是将母兔放入产仔箱，由其他仔兔吮吸乳头，一般情况下仔兔一边吮吸，母兔一边产仔。

89. 怎样对哺乳期的母兔进行饲养管理？

哺乳期是指自母兔分娩到仔兔断奶的时期。一般为 28～45 天。由于此阶段仔兔的营养由出生到 16 日龄全部来自母乳，母兔泌乳量越大，仔兔的生长越快，发育越好，存活率越高。因此，此阶段饲养管理的重点是保证母兔健康，提高泌乳量，保证仔兔正常发育，成活率高。

母兔分娩 1～3 天，乳汁较少，消化机能尚未完全恢复，食欲不振，体质较弱。这时饲料喂量不宜太多，以青绿饲料为主，日喂易消化的饲料 50～75 克，5 天以后喂量逐渐增加，1 周后恢复正常喂量，精料逐渐增加到 150～200 克，达到哺乳母兔饲养标准。

分娩后 5 天时间内，日粮中精料量不宜太多，否则会引起消化不良，母兔易患肠毒血症和乳房炎。

随着时间的延长，母兔泌乳量逐步增加，18～21 天达到高峰，每天可泌乳 60～150 克，高产的达 150～250 克，最高可达 300 克以上。21 天后泌乳量逐渐下降，30 天后迅速下降。维持较高的泌乳量需要较多的养分供应，所以应增加饲料供给量。除喂给新鲜优质青绿饲料外，还应注意日粮中蛋白质和能量的供应，一般还需要补给部分精料，如玉米豆饼、鱼粉、食盐和骨粉等。质量较差的饲料或喂量不足，不仅会影响母兔的健康和泌乳量，还会导致仔兔发育不良，生长缓慢，抗病力低，严重的患各种疾病或引起死亡。

母兔的泌乳量和胎次有关，一般第一胎较少，2 胎以后逐渐升高，3～5 胎较多，10 胎前相对稳定，12 胎后明显下降。

母兔乳汁含蛋白质 10.4%、脂肪 12.2%、乳糖 1.5%、灰分 2%，营养丰富。在母兔分娩后要及时检查仔兔哺乳情况，可以通过仔兔的表现反映出来。若仔兔腹部胀圆，肤色红润光亮，安睡少动，则母兔泌乳力强；若腹部空瘪，肤色灰暗大光，乱抓乱爬，有时会"吱吱"叫，则母兔无乳或有乳不哺。若无乳，可进行人工催乳；若有乳不哺，可人工强制哺乳。

（1）人工催乳的具体方法有：

①夏季多喂蒲公英、苦荬菜；冬春季多喂胡萝卜等多汁饲料，充足供给饮水。

②芝麻一小撮，生花生米 10 粒，食母生 3～5 片，捣烂饲喂，每天 1 次。

③豆浆 200 克煮沸，晾温，加入捣烂的大麦芽或绿豆芽 50 克、红糖 5 克，混合喂饮，每天 1 次。

④人工催乳片，每天 3～4 片，连喂 3～4 天。

⑤对产前不拉毛的母兔，人工辅助拉毛，分娩后尽量让母兔吃掉胎衣、胎盘。

（2）若乳汁浓稠，阻塞乳管，仔兔吮吸困难，可进行通乳。具体方法为：

①热毛巾（45℃左右）按摩乳腺，每次 10～15 分钟。

②活蚯蚓用开水泡成白色，切碎，拌红糖饲喂。

③暂时少喂精料，多喂青绿多汁饲料，保证饮水。

（3）若产仔太少或全窝死亡又找不到寄养的仔兔，乳汁分泌量大，可进行收乳。具体方法为：

①减少或停喂精料，少喂青绿饲料，多喂干草。

②饮 2%～2.5% 的冷盐水。

③干大麦芽 50 克，炒黄饲喂或煮水喝。

人工强制哺乳适用于有乳不哺的母兔。具体方法为：每天早晨（或定时）将母兔提出笼外，伏于产仔箱中，让仔兔吸吮，每天 2 次，3 天后改变为 1 次，连续 3～5 天，一般即可达到目的。

泌乳母兔的管理依不同情况有相应的重点。家庭饲养条件下，日粮蛋白质水平应在 16%～18%，日喂青草 750～1000 克，同时保证混合精料的数量和质量，给母兔补喂骨粉每只每天 3～4 克，补加微量元素。在环境方面要保持安静和兔舍卫生，不随意捕捉、惊吓、追打母兔，不在母兔哺乳时随意挪动产仔箱或将母兔赶跑，母兔在场不拨弄仔兔。泌乳初期的母兔应及时检查，预防乳房炎的发生。

90. 初生仔兔睡眠期是指什么时期？怎么进行饲养管理？

睡眠期是指从出生到睁眼的时期，一般为12～14天。仔兔出生时裸体无毛，体温调节能力不健全，随气温的变化体温也有变化。一般4天长出茸毛，10天后体温才能基本稳定，仔兔视觉和听觉发育不完善，出生后闭眼封耳，除了吃奶就是睡觉，8天后耳孔开张，12天睁开眼睛。同时仔兔生长迅速，出生时体重一般为40～65克，7日龄时达130～150克，30日龄时达500～750克，所需营养完全由母乳供给。这一阶段饲养管理的关键是保证仔兔早吃奶，吃好奶，同时要保证仔兔健康生长所需要的环境条件。

（1）饲养 由于母兔的初乳含免疫球蛋白及仔兔所需要的多种维生素及镁盐，营养价值高，并且能促进胎粪排出，适合仔兔生长快、消化力弱的特点，所以，让仔兔早吃奶、吃足奶是减少死亡和提高成活率的主要技术环节。

（2）管理 一般母兔分娩后1～2小时就应给仔兔喂完第一次奶，仔兔出生5～6小时应吃上奶，否则应查明原因。仔兔出生后即寻找乳头，12日内除哺乳外几乎都在睡眠。当母兔跳入产仔箱

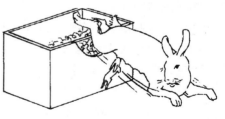

图7-11 防止吊奶

内时仔兔立即醒来寻找乳头。哺乳时间一般为2～3分钟，仔兔哺乳时将乳头叼得很紧，哺乳完毕母兔跳出产仔箱时，有时将仔兔带出箱外又无力带回，应特别注意（图7-11）。对于体质瘦弱的仔兔，应加强管理，采取让弱兔先吃奶，然后再让其他仔兔吃奶的办法调节，力争使整窝兔均匀发育。针对生产中所遇到的情况，对睡眠期仔兔的管理则还应注意以下几个方面。

①寄养 生产中有时母兔产仔超过8只，虽然个别母兔自己能哺乳，但大多数情况下，由于母兔的乳头数是4对，哺乳太多的仔兔会

造成发育不整齐或发育不良，所以应及时对仔兔寄养。方法是将出生日期相近的仔兔（最好不超过 3 天）从产仔箱中取出，在不被母兔注意的情况下放入代乳母兔的产仔箱，随即用手拨弄仔兔，盖上垫草，一般 20 分钟后即被代乳母兔接纳。在仔兔身上涂抹母兔尿液是不卫生的，应尽量避免。

寄养的数量依保姆母兔的乳头数和泌乳量而定，不宜过多。种兔场一般不主张寄养，若要寄养，一定要做好标记和记录，以避免弄混血缘关系。

②保温防冻　由于仔兔体温调节能力差，对环境温度要求较严格。睡眠期仔兔最适宜的环境温度为 15～20℃，产仔箱温度为 30～32℃。生产中寒冷季节可以采取母子分开的办法，将产仔箱连同仔兔一起移至温暖的地方，定时放回母兔笼哺乳。

③防止鼠害　睡眠期的仔兔最易遭受鼠害，甚至全窝被老鼠吃掉，应注意将兔笼、兔舍严密封闭，勿使老鼠入内。

91. 仔兔的开眼期是指什么时期？怎样进行饲养管理？

仔兔从开眼到断奶的时期为开眼期。仔兔开眼后，不仅在巢箱内跑来跑去，还可能跳出巢箱。开眼后仔兔要经历出巢、补料和断奶阶段，这也是养好仔兔的关键环节。

(1) 饲养　开眼后仔兔发育快，活泼好动，15 日龄就开始试图出巢寻找食物；此时应及时准备好开食料，如豆渣和切碎的嫩草，并配以容易消化的精饲料。

(2) 管理　注意仔兔开眼的时间。因为开眼的迟早和仔兔的发育、健康状况有关。发育良好、健康的仔兔开眼时间较早；反之则较迟。仔兔若 14 天后才开眼说明营养不足，体质差，要精心护理。有的仔兔仅睁开一只眼，另一眼常被眼屎黏住，应及时用脱脂棉蘸上温开水轻轻拭去眼屎，然后用手轻轻掰开眼睑，再点少许眼药水，一段时间后可恢复正常。处理不及时，易形成大小眼或瞎眼。

断奶是仔兔饲养的关键环节之一。仔兔大多在 28～35 日龄断奶，可根据具体情况进行调整。低水平营养条件下断奶时间为 35～40 日龄，集约化、半集约化条件下于 28～35 日龄断奶。断奶时间不能太早或太晚，太早仔兔发育受影响，死亡率高；太晚又影响下一周期的繁殖。

有条件的兔场将开食后的仔兔与母兔分开饲养，这样既可以使仔兔采食均匀，又能减少与母兔的接触时间，从而减少球虫病的发病机会。

92. 提高仔兔成活率的措施有哪些？

仔兔成活率和母兔妊娠后期的营养状况、分娩后泌乳情况以及整个发育过程的饲养管理密切相关，应根据具体的环节采取相应的措施。

（1）**母兔妊娠后期的营养状况**　仔兔成活率的高低，与初生重成正相关，而初生重的 90％是在妊娠后期增长的。因此，保持妊娠后期母兔的营养，是保证仔兔正常生长，提高初生重的关键。

（2）**母兔产前的准备工作**　产前准备工作的好坏，维系着母兔和仔兔的后续生活。产仔箱柔软、干燥、卫生，可使仔兔受环境温度的影响降低到最低程度；生产环境安静、舒适，可使母兔在生产中免受刺激，避免将仔兔产于箱外；产后及时供给饮水和一些适口的饲料，避免因口渴而食仔兔，减少仔兔不必要的伤亡。

（3）**吃好初乳**　初乳是母兔产后 1～3 天分泌的乳汁，与常乳相比，其营养更丰富，含有较多的蛋白质、维生素、矿物质。其所含的镁盐可促进仔兔胃肠蠕动，排出胎粪。虽然仔兔的抗体是通过胎盘而先天获得的，不依赖初乳，但及时吃好初乳，对于提高仔兔抵抗力及成活率至关重要，应在仔兔出生后 6 小时之内检查是否吃到初乳。若没有吃，应查明原因，采取措施。

（4）**调整仔兔**　为了保证仔兔均衡发育，除了对仔兔进行寄养外，还可以采用弃仔、一分为二和人工哺乳等技术措施。

弃仔就是对母兔产仔较多，又找不到合适保姆兔，应主动弃仔。将那些发育不良、体小质弱的仔兔弃掉。此项措施应及早进行。一分为二就是对产仔多找不到保姆兔，而母兔体质健壮，泌乳力又强，应采用一分为二哺乳法。即将仔兔按体重大小分为两部分，分开哺乳。早上乳汁多，给体重小的仔兔哺乳，晚上给体重大的仔兔哺乳。此间应给母兔增加营养，仔兔应及早补料。

人工哺乳是对产仔过多、患乳房炎或产后母兔死亡又找不到保姆兔者，可进行人工哺乳。人工哺乳费工费时，仅限于饲养规模较小的家庭兔场。具体方法为：用5～10毫升玻璃注射器或眼药水瓶，出口处安一段1.5～2.0厘米自行车气门芯，眼药水瓶后端扎一进气孔，即成为仔兔的哺乳器。用前煮沸消毒，用后及时冲洗干净。哺乳时应注意乳汁的温度、浓度和给量。若给予鲜牛奶、羊奶，开始时可加入1～1.5倍的水，1周后混入1/3的水，半个月后可喂全奶。乳汁的温度应掌握在夏季35～37℃，冬季38～39℃。乳汁的浓度视仔兔粪尿而定。若仔兔尿多，窝内潮湿，说明乳汁太稀；若尿少，粪油黑色，说明乳汁太稠，要做适当调整。喂时将哺乳器放平，使仔兔吮吸均匀，每次喂量以吃饱为限，日喂1～2次。

（5）防寒防暑　由于仔兔调节体温的能力不健全，冬天容易受冻而死亡。所以，保温防冻是寒冷季节出生7日内仔兔管理的重点。

獭兔舍要进行保温，产仔箱内放置干燥松软的稻草或铺盖保温的兔毛，垫草整理成浅碗底状，中间低四边高，便于仔兔相互靠拢，增加御寒能力。有条件的可设仔兔哺育室；家庭少量养殖可将产仔箱放在热炕头，使母仔分开，并按时放入母兔哺乳。仔兔开眼前要防止吊奶。如果仔兔掉在或产在产仔箱外应及时捡回。冻僵但未冻死的仔兔做急救处理，方法是用热水

图 7-12　仔兔冻僵急救

袋包住仔兔，或将仔兔放入42℃左右温水中浸泡（头露在外面），使体温恢复，当皮肤由紫变红，四肢频频活动时取出，用软毛巾擦干后放回原窝（图7-12）。

夏天天气炎热，阴雨潮湿，蚊、蝇猖獗。仔兔出生后裸体无毛，易被蚊虫叮咬，应将产仔箱放在安全处，外罩纱布，按时放入母兔笼内哺乳，并进行通风、降温处理。

（6）预防疾病和非正常死亡　仔兔初生 1 周内易遭兽害，特别是鼠害，严重时死亡率达 70%～80%，所以，消灭老鼠是兔场及养兔专业户的一项重要任务。

消灭鼠害采用的方法主要有：放毒饵于洞穴后诱杀；加强产仔箱的管理，将产仔箱放在老鼠不能到达的地方，喂奶时再放回母兔笼内。

生后 1 周内的仔兔易患黄尿病，原因是仔兔吸吮患乳房炎母兔的乳汁。患病仔兔粪稀如水，呈黄色，污染后躯，身体瘫软如泥，窝内潮湿腥臭，严重时全窝死亡。杜绝此病必须加强母兔的饲养管理，发现患乳房炎，立即停止哺乳。对患病仔兔应及时救治，可口滴庆大霉素，每次 2～3 滴，每天 2～3 次。垫草中混有布条、棉线或长毛，会使仔兔在滚爬时缠绕颈部或腿部，易造成伤亡，应引起注意。

（7）及早补料　仔兔出生 16 天左右开始寻找食物，这时应及早补料。补料一开始可在产仔箱内进行，也可在补料槽内放入粉料。

仔兔料应营养全面，适口性好，易消化。补料饲料的营养水平为：蛋白质 20%，消化能 11.3～12.54 兆焦/千克，粗纤维 8%～10%，加入适量酵母粉、生长素和抗生素添加剂。23～25 日龄可喂些营养价值高的嫩草等新鲜嫩绿青饲料。

仔兔补料一般每天 4～5 次，每只日喂量由 4～5 克逐渐增加到20～30 克，补料后应及时取走食槽以防仔兔在里面排尿。补饲料持续喂到 35～45 日龄，再慢慢改喂生长兔料或育肥兔料。断奶前应坚持哺乳，并供给充足饮水。

（8）适时断奶　仔兔断奶的时间，因体况、体重等不同可做调整；种兔、发育较差的仔兔或在寒冷季节，可适当延长哺乳期；商品兔、条件较好的兔场及有血配计划时，断奶时间可适当缩短，但不能短于 28 天。一般情况下断奶时间为 35～42 天，血配 28～35 天断奶。

93. 幼兔是指什么时期？怎样进行饲养管理？

从断奶到 90 日龄的兔为幼兔。幼兔阶段生长发育迅速，消化机能和神经调节机能尚不健全，抗病能力差，再加上断奶和第一次年龄换毛的应激刺激，给幼兔的饲养管理提出了更高的要求。

（1）饲养方面　断奶幼兔的饲料应营养全面，易消化，适口性好。高能量、低蛋白、低脂肪的饲料对幼兔不利，日粮中粗纤维的含量不能低于12%，多汁饲料、青绿饲料的含量不宜太多。由于此阶段幼兔食欲旺盛，在饲喂制度上要有节制，少喂多餐。

幼兔日粮中可适当添加药物添加剂、复合酶制剂、黄腐酸，既可防病又能提高日增重。研究表明，日粮中添加3%药物添加剂，日增重提高32.8%；添加200毫克/千克黄腐酸、0.5%复合酶制剂，日增重提高12%～17.5%。

（2）管理方面　断奶是幼兔生理的重要转折，管理不善，极容易引起疾病甚至死亡。幼兔的死亡大部分发生在断奶3周内，特别是第1～2周，其主要原因是断奶不当。正确的断奶方法是：根据仔兔的体质健康状况，如果全窝仔兔发育均匀，体质健壮，可一次性断奶，即在同一天内将母兔和仔兔分开。若全窝仔兔发育不均匀，应该采用分期断奶法。即先断体质健壮的仔兔，让体质弱的仔兔多哺乳几天，视情况酌情断奶。无论采用哪一种断奶方法，都应坚持"断奶不离窝"的原则，使仔兔在原来的笼内生活，做到饲料、环境、管理三不变，尽量减少应激并发症。

母兔在仔兔断奶后2～3天内应多喂干草，减少精料喂量，必要时喂炒黄的干大麦芽促其收乳，同时又要预防乳房炎的发生。

由于幼兔断奶后，生活环境发生巨大变化，同时幼兔生长快，抵抗力差，要求其所处的环境应干燥、卫生、安静，和断奶前尽量保持一致。

断奶幼兔多采用群养，笼养时每笼4～5只；栅养时每平方米10～12只为一群。冬季兔舍温度应保持在5℃以上；夏季应防暑降温。因为幼兔时期既长骨骼又长肌肉和被毛，要注意适当运动和日光浴。

幼兔阶段是多种传染病集中暴发的阶段。除了注射兔瘟、巴氏杆菌病、魏氏梭菌病疫苗外，还应注意波氏杆菌病、大肠杆菌病的发生和流行，春末和夏初还要预防球虫病，做好传染性鼻炎的防治工作。

94. 怎样对商品獭兔进行饲养管理?

獭兔的主要产品是兔皮,最佳取皮期是 5～6 月龄的青年兔。此外,还有各种淘汰獭兔,为提高商品兔皮质量,也需在宰杀前加强饲养管理。

(1) 饲养方面 专门用于取皮的商品獭兔大多属青年兔,其特点是生长发育快,体内代谢旺盛,需要充分供给蛋白质、矿物质和维生素。一般农村家庭养兔,饲料可以青粗料为主,适当补喂精饲料;如提供全价颗粒饲料,蛋白质含量应达 16%～18%,脂肪 2%～3%,粗纤维 12%～13%,并供应充足饮水。

(2) 管理方面 为了提高饲养商品獭兔的经济效益,一般在 3 月龄以前,可按性别、年龄、体质强弱分笼或分群饲养,3 月龄以后,则应单笼关养。凡尘土较大、空气污浊、烟雾笼罩的场所均不宜饲养商品獭兔。此外,应严防脱毛癣、真菌病、螨病、虱病等严重危害毛皮品质的寄生虫病,一旦发生,应立即隔离治疗。

95. 獭兔春季怎样进行饲养管理?

我国南方春季多阴雨,湿度大,细菌繁殖旺盛,是獭兔患病高峰季节,特别是幼兔,发病率和死亡率在全年中居最高时期,北方春季多风沙,早晚温差大,是养獭兔最不利的季节之一。因此,饲养管理上应注意防湿、防病。

(1) 搞好春繁春养 獭兔经过漫长的冬季,青绿饲料缺乏,气候寒冷,光线不足,一般体质较差,也正处于换毛期。因此,母兔往往不发情或发情不明显。在饲养上尽可能供给一些鲜嫩饲料,并应当补喂富含蛋白质的混合精料,使獭兔尽快恢复体况,促使早发情、早配种。

在多数农村家庭兔场,特别是在较寒冷地区,由于冬季停止冬繁,公兔因多时不配种,精子的活力较低,畸形率较高,影响受胎率和产仔数,最初配种的几胎受胎率较低。为此,应采取复配或双重配

（商品兔生产时采用），并及时摸胎，减少空怀。

（2）抓好饲喂　在饲喂颗粒饲料时，要让兔吃饱吃好。在以青料为主、精料为辅饲养时，要注意不喂带泥浆水和堆积发热的青饲料，更不能喂霉烂变质的饲料；带露水和雨后割的青草，要晾干再喂。在阴雨多、湿度大的情况下，要少喂含水分高的青饲料，增喂一些干粗饲料。为了增强兔的抗病能力，可在饲料中拌入一些大蒜、葱等有杀菌能力的饲料，也可拌喂 0.01%～0.02%碘溶液、适量的木炭粉或抗生素、磺胺类药物等，以减少和避免消化道疾病的发生。

春季到来时，菠菜、灰菜等首先长出。这些植物草酸盐的含量较高，容易引起獭兔腹泻，同时影响饲料中钙的吸收和利用，应注意限制饲喂量。

（3）搞好环境卫生　春季温度升高，万物复苏，也是各种病原微生物繁殖的季节。这对养兔业造成一定的威胁。所以，要认真搞好环境卫生，做到勤打扫、勤消毒、勤清洗。兔舍要通风良好，保持兔舍干燥。地面可撒些草木灰、石灰以消毒、杀菌和防潮湿。

（4）加强检查　春季是獭兔发病率最高的季节，尤其是球虫病的危害最大，每天都要检查兔群的健康情况，发现问题及时处理。对食欲不好，腹部膨胀，腹泻拱背的兔子要及时隔离治疗。

春季是獭兔配种繁殖的最好季节，要特别注意观察和检查母兔的发情症状，做到适时配种，不漏配。对产后的母兔可适当安排早配种，争取春季多繁殖一胎。春季早晚温差较大，幼兔易患感冒、肺炎等疾患，甚至引起死亡。所以，要特别注意幼兔的早晚保温。

96. 獭兔夏季怎样进行饲养管理？

獭兔汗腺不发达，不耐热，喜干燥清洁。夏季炎热季节，獭兔食欲下降，采食量少，抗病力差，易中暑；夏季温度高、湿度大，有利细菌、寄生虫的繁殖发育，有利于饲料发霉变质。这些因素使獭兔的发病率、死亡率明显高于其他季节。因此要采取相应的管理措施，保证獭兔安全度夏。

（1）防暑降温　春天可在兔舍周围种植爬山虎、牵牛花、葡萄等藤蔓类植物，让其在兔舍周围和舍顶攀爬形成自然凉棚。或在夏天到来前给兔舍搭凉棚或遮阳网，兔舍顶设隔热层等措施。

气候炎热的季节要加强通风，打开门窗通风口，安装排风扇，促进空气流通，带走兔舍的热量。在闷热潮湿、雨后的条件下还可排出多余水蒸气，降低湿度。天气干燥炎热的中午可在兔舍用凉水喷雾降温。

（2）**加强卫生消毒** 兔舍要保持干燥卫生，每天按时清除粪便，对地面、笼具周边环境消毒，水槽、食槽每天清洗消毒，杀灭环境中的各种病原。还要注意防蝇灭鼠，防止蚊虫滋生。

（3）**适时饲喂** 早晚凉爽时饲喂，喂给高营养饲料，晚上多上料，可使獭兔在晚间气温低时多采食，让獭兔恢复体力，中午喂些青绿多汁饲料或不喂。要注意供给充足清凉饮水，可在水中加维生素C、电解质或清凉解暑制剂，减轻热应激。

夏季饮水以供应低温水为好，如在饮水中加入适量的食盐，则既可补充体内盐分的消耗，又有利于解渴防暑。

（4）**妥善保存饲料** 夏季气温较热，在阴雨天气玉米、麸皮、颗粒饲料易受潮霉变，霉变饲料可引起兔肠炎、腹泻、孕兔流产，造成危害。因此要将饲料或原料保存在干燥、通风、不漏雨的仓库内，底面用木板与地面隔离，四周不接触墙面。颗粒料缩短储存时间，做到先入库饲料先出库。

（5）**做好疾病预防工作** 对夏季多发的兔巴氏杆菌病、大肠杆菌病、魏氏梭菌病、波氏杆菌病等做提前免疫预防。

夏季是兔球虫病的高发季节，易造成獭兔幼兔的成批死亡，要定期使用不同的抗球虫药物进行防治，防止产生耐药性。

夏季兔靠呼吸散热，呼吸加快常造成呼吸系统的损坏，可用维生素A及保护呼吸道黏膜的药物进行防治。

（6）**调节饲养密度，停止配种繁殖，保护公兔** 夏季来临前可将幼兔提前分笼饲养，商品兔、后备兔降低饲养密度，有利獭兔散热，减少热应激。舍温30℃以上时，停止配种繁殖。盛夏高温，公兔睾丸萎缩精子量少质差；母兔发情率、受胎率降低，即便妊娠但所产仔兔瘦弱多病，成活率低。

夏季高温对公兔的影响可持续到夏季过后的 30～45 天，造成秋季配种难，所以夏季对公兔采取特殊的防暑降温措施，创造适宜的小环境，保持公兔较高的繁殖能力，以便尽早开展秋季配种繁殖。

97. 獭兔秋季怎样进行饲养管理？

秋季气候干燥，饲料充足，营养丰富，是饲养獭兔的好季节，在饲养管理上应抓好繁殖和换毛期的饲养。

(1) 抓紧繁殖　秋季獭兔繁殖较困难，配种受胎率低，产仔数少，要使獭兔尽快恢复盛夏后的弱体质，适应秋季日照较短的特点，这就要求加强营养，精心饲养，使种公兔适应环境，增强体质进行秋繁。但秋季气候温和，饲料较丰富，仔兔发育良好，体质健壮，成活率高。有条件的地方，7 月底 8 月初就可安排配种。

(2) 加强饲养　成年兔在秋季正值换毛期，换毛期的兔子体质虚弱，食欲较差。因此，要加强营养，应多喂青绿饲料，并适当增加蛋白质含量较高的精饲料。换毛期的兔子应严禁宰杀剥皮。

深秋青草逐渐不能供应，由青草到干饲料要有一个过渡阶段。

(3) 细心管理　秋季气温，早晚与午间温差大，有时可达 10～15℃，幼兔容易发生感冒、肠炎、肺炎等疾病。因此，必须细心管理，群养獭兔每天傍晚应赶回室内，每逢大风或降雨不能让其露天活动。

98. 獭兔冬季怎样进行饲养管理？

冬季气温低，日照时间短，缺乏新鲜青绿饲料。因此必须加强饲养管理。

(1) 整合兔群　要想养好獭兔，关键的一点是要有一个优良的种兔群。另外，初冬也是商品獭兔出栏的好时期。因此，我们要充分利用这个大好时机，对整个兔群来一次大整顿，将繁殖力强、后代生长速度快的青年母兔和繁殖力强、性欲旺盛、配种能力强、后代表现好的青年种公兔留作种用。淘汰体弱多病、产仔率低、后代表现不好的母兔，淘汰性欲低配种能力差的种公兔。对表现良好的青年公母兔要留作种用，公、母比例至少要1∶8。在养种母兔少于8只的兔群中，至少要有2只种公兔，公、母比例要1∶4。种兔群的年龄结构为：7～12个月龄的后备兔占25％～35％，1～2岁的壮年兔占35％～50％，2～3岁的老年兔占25％～30％，这样可保持兔群比较强的繁殖力。

（2）补充光照　冬季日照短，气温低，冬季一般早晨7点半天亮，下午5点天黑，自然光照时间仅有9小时，不利于母兔生殖激素的分泌，导致母兔生殖激素分泌减少，造成母兔卵巢活动机能减弱，种母兔不发情与不孕现象增多。为提高母兔的繁殖性能，要给繁殖母兔人工补充光照，每天光照时间应达到14～16小时。每天早晨6点至7点半，傍晚5点至8点半开灯人工补充光照，弥补光照不足。

（3）搞好冬繁　冬季气温降低，病原微生物不活跃，有传染性的病原微生物少，兔的疾病少，仔兔的成活率高，只要给獭兔创造恒温环境，进行冬繁冬养是完全可能的。种母兔虽然发情不太明显，但是毕竟能发情，能够正常排卵。因此，我们应抓紧时机给种母兔配种，利用中午阳光充足的时候安排獭兔配种。配种要把握好农谚：粉红早，黑紫迟，大红正当时。为提高受胎率，配种方法可采用重复配种或双重配种的方法。

（4）防寒保暖　冬季外界环境气温低，在北方常刮西北风，如獭兔经常受到寒冷的贼风袭击，獭兔很难存活，更谈不上生长发育，因此，獭兔冬季管理的首要工作是要搞好兔舍保温防寒。室内笼养的兔场，在不影响通风换气的前提下，要给兔舍窗户钉上塑料布，门上挂上门帘，有条件的兔场，可安装暖气或生煤火取暖。

母兔产仔前在窝的里面添上足量轧扁的麦秸，供母兔做窝，垫草要干燥、柔软、保暖性强，并做成中间低四周高的浅碗底形，再在兔窝外扣弓形的无滴塑料薄膜棚，棚高以人在弓棚内能活动为宜，晚上再在塑料薄膜上盖上草毡，入口处吊上棉门帘。这样不生煤火獭兔也可进行冬季繁殖。

（5）搞好卫生　冬季特别要注意搞好兔舍环境卫生，定期对兔舍进行消毒。消毒要用两种以上消毒药轮换消毒，以防产生耐药性；兔舍要勤打扫，每天清除粪便，以防粪尿堆积，减少氨气、硫化氢等刺激性气体的产生，防止鼻炎、肺炎等呼吸道疾病的产生。另外消毒要认真，要保持兔舍干燥。

为了保温，冬季兔舍密闭性增加，但通风不良，氨气、硫化氢、二氧化硫等有害气体增多，易诱发獭兔患眼结膜炎、鼻炎等病，因此，在晴朗的中午要打开门窗排兔舍内浊气。

（6）防治疫病　冬季兔病的防治要把握预防为主、治疗为辅的原则，在搞好兔瘟、巴氏杆菌、波氏杆菌、魏氏梭菌病、大肠杆菌等传染病的预防基础上，要进一步搞好感冒、疥癣等普通病的防治工作。

重点把握以下三点：①在疫苗使用上，要把握有单苗尽量用单苗，有二联苗不用三联苗的原则；②冬季獭兔易感染螨虫，可定期给獭兔饲喂千分之二阿维菌素；③当兔舍小环境内温度在10℃以上时，在獭兔饲料中加喂防球虫病的药物，防球虫病的药物要用氯苯胍、地克珠利等两种以上药物交替用药。

（7）科学饲喂　冬季天气寒冷，热能消耗大，獭兔维持需要的能量比其他季节多，缺乏青饲料，因此冬季要调整獭兔饲料配方，加大饲料喂量。配方中增大能量饲料——玉米的比重，以提高饲料的消化能；增大饲料喂量，喂量要比平时高20%～30%；冬季缺乏青绿饲料，獭兔维生素的供给缺乏，饲料中要特别注意维生素的补充，要比平时高30%；将花生秧、豆秸、甘薯秧等粗饲料粉碎后，和玉米、花生饼、麦麸、骨粉、食盐等原料混合均匀后配成配合饲料喂兔。需要提醒的是，在喂颗粒饲料时，要给兔饮温水；在喂粉料时，要用温水拌料，少喂勤添，以食槽不剩料为宜，以防剩料结冰。

切忌饲喂冰冻饲料，饲喂多汁饲料时须千万注意。

第八章 獭兔舍建设及环境调控

99. 獭兔养殖场在建场前的要做哪些准备工作?

办獭兔养殖场必须有明确的方向与一定的规模,在当今市场经济条件下,无论是种獭兔场或商品獭兔场都应在调查研究的基础上,根据所获得的市场信息、獭兔养殖需要的饲养条件、技术力量和投资能力综合后作出正确的决策。

(1) 做好市场调查 近些年来,由于各种原因的影响,獭兔产品市场波动有一定的规律性,因此建场之前,应作好市场调查。如在网上查询有关獭兔生产及市场情况,向有关部门了解国际行情,产品销售及前景;向畜牧部门和养殖比较成功的大型獭兔场了解獭兔品种的特征特性及在当地的适应性能;学习獭兔的经营管理方法及了解有关生产场在养殖过程中的经验教训等,然后决定办场方针、发展规划。根据办场方针及发展规划确定养殖场规模,种兔养殖规模,种兔引种数量及种兔引种时间等,再根据需要做好充分的引种准备。

(2) 确定养殖场办场方针 獭兔属于毛皮与肉食兼用兔种,同时还可供观赏用,我国獭兔养殖场主要产品是多生产毛皮提供市场。根据獭兔商品提供毛皮为主的这一特点,在筹建獭兔场时,都要考虑以多提供商品兔,多取质量好的毛皮和多宰肉,并以追求一定的产值和利润为主要目标。

(3) 兔场规模 兔场规模大小必须根据市场对产品的需求、当地自然条件、饲料资源、饲养技术、经营能力等因素而定。一般来讲,建场规模不能过小,规模过小形成不了"气候",见不到效益。20世纪60~70年代"一只兔,油盐醋"那种零星分散的副业养兔方式已不能适应当今形势。当然,兔场规模也不是越大越好,大了投资大,风险大，技术、管理跟不上，很可能造成经济上的损失。

一个普通农户，饲养多少獭兔才算适度？根据目前的生产状况，以建笼百只，饲养基础母兔 20～30 只，年产商品兔 500～600 只比较合适，皮肉综合计算，年产值也可达万元以上。獭兔养殖户通过一定时间的饲养，对整个獭兔饲养技术比较熟悉和对獭兔产品市场比较熟悉之后，可以再考虑扩大养殖规模。

养殖户一定要注意养獭兔应随市场行情变化，机动灵活掌握，能大则大，宜小则小，但总的原则应因地制宜，由少到多，逐步发展。

(4) 兔群结构　兔群是发展生产的重要基础，兔群结构直接影响着獭兔的生产发展、养殖效果和产品质量。

①公母结构　根据我国实际情况，普遍采用季节性繁殖和自然繁殖为主的方式。因此，公、母比例，生产群以 1：（8～10）为宜，种兔繁殖群以 1：（5～6）为宜；集约化兔场，采用人工授精为主者，则扩大到 1：（80～120）为宜。

②年龄结构　獭兔属多胎高产动物，世代间隔较短，种兔的最佳利用年限为 2～3 年。青年兔生产性能较低，3 岁以上的老年兔生产性能又明显降低。因此，每年都应定期对兔群进行一次淘汰更新，合适的兔群年龄结构是：7～12 个月龄的后备兔占 25％～35％，1～2 岁的壮年兔占 35％～50％，2～3 岁的老年兔占 25％～30％。

(5) 建好笼舍　獭兔养殖之前应先建好獭兔舍、獭兔笼，备好有关设备和用具，如食槽、饮水器、产仔箱等。兔种引进前 1 周应对笼、舍、设备等作一次全面的清理和消毒，以使种兔进场后就有一个卫生、舒适的环境。

(6) 备足饲料和药械　引种之前应准备好 1 个月左右的獭兔常用饲料（粗饲料、精饲料、无机盐添加剂等），拟定好饲料配方，预先配好饲料。

在养獭兔之前应准备好常用的器械和药物等，如注射器、体温计、常用药物、疫苗等。

(7) 技术培训　饲养人员应熟悉獭兔的特性，了解常见疾病的症状和预防办法、兔舍环境的管理和消毒等知识。一般应通过参加技术培训班，到兔场参观、实习或通过自学，掌握必要的养兔技术知识。

100. 开办獭兔养殖场注意事项有哪些？

（1）獭兔养殖模式和规模要因地制宜 我国不同地区气候条件及基础设施条件不同，各地的市场情况也不一样，不同的人办獭兔场也无统一的固定模式。办獭兔养殖场时要借鉴别人好的经验，并结合自己的特点，充分体现自己的优势，做到因地制宜。至于獭兔养殖场的办场规模，以及办场类型，究竟是办种兔场还是商品场，是办小型场还是大、中型场，是采用传统饲养方式还是集约化、半集约化方式，都可以探讨，但主要还是取决于自身条件。总的原则是要实事求是，讲究效益，量力而行，尽力而为。对于以前没有养过獭兔的个体养殖户，不要操之过急，贪多求大，开始时最好小规模饲养，经历过獭兔养殖的一个生理周期后，已经掌握和熟悉獭兔生产的各个环节，然后再逐步扩大规模。

（2）以市场为导向，以效益为中心，以科技为支撑 在过去有很多家庭养兔场多把养兔多视为副业，任其自然发展，缺乏商品经济的观念，不计成本，不讲效益，还有盲目跟风，看到有人养獭兔赚钱，也不调查市场状况就开始兴办獭兔养殖场或扩大养殖规模，最后由于不了解市场，管理不善，其结果多以失败而告终。进行獭兔养殖，就应以获得最大经济效益为目标。为此，必须树立商品观念，市场竞争观念，加强经营管理，一切经营管理活动必须围绕提高生产效益来进行。另外，在獭兔养殖和产品加工水平不断提高的今天，獭兔生产要充分利用当前的科技手段，提高獭兔养殖综合经济效益，那些只相信土办法，老经验，不相信和不利用现代养兔新技术的场最终还是会失败的。

（3）开展獭兔产品综合加工与利用 要办好兔场，还要特别注意獭兔种质要好，产品销售要有渠道，产品要综合利用，有条件的地区，兔场必须坚持一业多营，实行产供销结合，农技贸一体，兔场的主业应是獭兔生产与经营者，同时也要开展加工增值和产品的综合利用及各项配套服务工作，实现兔场的科学管理和综合经营。

101. 怎样进行獭兔养殖场的场址选择?

獭兔场的设计和笼舍的建筑是否适宜,会直接影响到獭兔的健康、生产力的发挥和劳动效率。在设计獭兔场和笼舍建筑时,应根据獭兔的习性,结合饲养地区的特点,选择好场址和建设笼舍,做到有利于兔群,有利于饲养管理,有利于积肥和防疫。

(1) 地势 獭兔的场址应选在地势高燥、平坦开阔、有适宜坡度、背风向阳、地下水位低、排水良好的地方。在以种植水田为主的地区建造獭兔舍时,应填高地基,开好排水沟,确保场舍地面的干燥。

不宜在排水不良、地势低洼的地带建场。这样的场地,不利于家兔的体热调节和健康,而有利于病原微生物和寄生虫的生存,并严重影响建筑物的使用寿命。

(2) 土质 适于建獭兔舍的土壤应具备透气、透水性强,毛细管作用弱,吸湿性和导热性低,质地均匀和抗压性强等条件,以沙土或沙壤土最为理想。

(3) 水源与水质 要办好兔场,必须要有水量充足、水质良好的水源,除了饲养人员的生活用水外,兔要饮用水,调制饲料需用水,清洗饲养用具设备和粪尿要用水,种植饲料作物也要用水。

除了水源,水质也非常重要,直接影响人、兔的健康。最好的水源是泉水、自来水或溪间流水,其次是江河中的流动水。池塘的水常为死水,一般都有污染,如不得已而使用,则注意卫生消毒。

(4) 交通与电源 獭兔场不能建在人烟密集和繁华之地,但需要交通方便。因为兔场建成投产后,经常要有草、料和设备的运进,产品和粪肥的运出等。但是,也不应紧靠交通主干道,至少应离主干道200米以外,距一般的过往道路也不能太近,至少要有100米之远。在装接电源时,要考虑到生产与生活用电的需要。

(5) 饲料基地 饲料是养獭兔的物质基础,对具有一定规模的兔场来说,其草、料用量可说是相当可观的。草、料若全靠外地调入,将会增加饲养成本,而且也不方便。在选择场址时,如能根据獭兔场的饲养规模，就地就近安排一些饲料基地，这将大大有利于日后饲养管理工作的进行。若獭兔全部以全价饲料（颗粒料）的方式饲喂，也适当安排一些饲料基地，因为在母兔繁殖期间，最好能补喂一些青绿多汁饲料，以使母兔有充足的奶水，将仔兔哺育的更好。

（6）空间隔离 为防止疾病传染，兔舍应远离屠宰场、牲畜市场、畜产品加工厂及牲畜来往频繁的道路、港口或车站。由于獭兔对突然发出的声音会表现出强烈的应激反应，严重影响其正常的生理活动，所以，兔场应建在比较僻静的地区，以远离闹市区 2 千米以外为宜。

禁止在獭兔饲养场饲养猪、羊、鸡、鸭、狗、猫等其他畜禽。

102. 獭兔养殖场内的建筑物怎样布局才合理？

场址选定后，应根据獭兔场的任务、规模、饲养工序结合选定的场址确定兔场的总体布局。作为一个獭兔场来说，其主体部分当为兔舍，其中包括隔离病兔舍。此外，还要有为养兔服务的各种附属建筑与设施。如饲养管理人员的宿舍、食堂、办公室、兔料及其加工设备的仓库、饲料加工调制室，有车时要有车库、油库，兽医治疗室，屠宰间和化粪池等。

獭兔场的总体布局和方位应以坐北朝南或偏南方向为宜，这在北方显得尤为重要。根据以上所说的兔舍和附属设施建设，可以概括分为三个区域进行布局：一是生活管理区；二是生产区；三是粪便、尸体处理区。三个区的具体布局，应根据兔场当地常年的主风向、地势和水源流向来合理确定（图 8-1）。

生活区应在上风头和地势高的地段，粪便尸体处理区在下风头和地势较低处。以上两区与生产区都要有一定的间距，最好能相距 50米以外，中间隔开。隔离病兔舍应偏居一角，应设在没有健康兔舍的下风头。生产区的兔舍、兽医室、采毛室和饲养员工作、休息室以及青饲料贮料棚等可连在一起，屠宰室宜在下风头和水源下游，办公室宜在靠近兔场的大门口，饲料仓库宜在高爽地块，饲料粉碎加工室宜偏离生产区，以免粉尘污染和噪声干扰兔群。整个生产区最好设置围

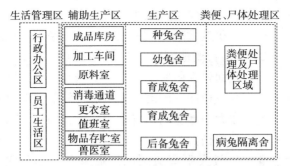

图 8-1 獭兔养殖场总体布局图

墙。如有车辆和油库，应设在生产区外，并要有单独围墙。各区之间都要有路相通，并可行车。如打井引水，水井最好设在生活和生产区之间。

103. 獭兔舍建筑有何要求?

(1) 建筑材料要因地制宜，坚固耐用 由于獭兔有啮齿行为和刨地打洞的特殊本领，因此建筑材料宜选用砖、石、水泥、竹片及网眼铁皮等不易被獭兔啃咬破坏的材料。

(2) 兔舍设计要便于饲养管理和防疫 具有防疫、防风、防寒、防暑等条件，固定式多层兔笼总高度不宜过高，为便于清扫、消毒，双列式道宽一般以 1.5 米左右为宜，粪水沟宽应不低于 0.3 米，坡度 1%～1.5%。

(3) 兔舍各部分建筑的一般要求 应针对成年兔怕热、仔兔怕冷，各类獭兔都厌湿的生理特点，根据各地气候条件，做出相应的设计和建筑要求。

①屋顶 屋顶起挡风、遮阳、防雨的作用，寒冷地区还有保温作用，我国南方地区则有防暑隔热作用，故建造兔舍时应选好屋顶材料，确定适宜厚度。屋顶坡度一般不宜低于 25%。

②墙体 墙体是兔舍结构的主要部分，目前我国多采用砖砌墙，不仅保温性能好，还可防兽害。为了兔舍的通风和采光，在墙体接近地面处应开设进气孔，接近屋顶处应开设排气孔。

③门窗　门要结实、保温，能防兽害，方便人、车出入；窗主要用于通风和采光，面积越大越好，一般可按采光系数 1：10 计算，入射角不宜低于 25°，窗台离地面以 0.5～1 米为宜。

④地面　兔舍地面要求坚实、平整、不透水、耐冲刷、防潮。目前各地兔场多采用水泥地面。砖砌地面虽造价较低，但易吸水，不易消毒，湿度较大，故大中型兔场不宜采用。兔舍内的排水沟和排粪沟均应低于地面，以利清扫。

⑤兔舍容量　一般大中型兔场，每幢兔舍以饲养成年兔 100～200 只或商品兔 400～500 只为宜。为便于防疫，可根据具体情况分隔成小区，每区 100 只左右。兔舍规模应与生产责任制相适应，一般以每个饲养员负责 100～150 个笼位较为适宜，把公、母兔饲养、配种和仔兔培育全部承包给饲养员，权、责、利明确，效果较好。

104. 常见的獭兔兔舍形式有哪些？

（1）**笼养兔舍**　笼养兔舍可分为室内笼养、室外笼养和半敞开式等形式。

①笼养　即兔舍笼建在室内，可分单列、双列和多列，兔笼可分单层、双层和三层（图 8-2～图 8-5）。房舍可分为土木结构、砖石结构等，屋顶可分为单坡式、双坡式、半顶式、圆拱式和钟楼式等。根据通风情况可分为封闭式、开敞式和半开敞式等。可根据当地气候条件和建筑材料等情况合理选用。

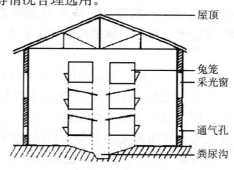

图 8-2　室内双列式獭兔舍

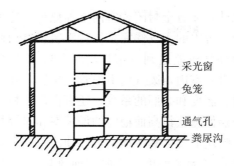

图 8-3　室内单列式獭兔舍

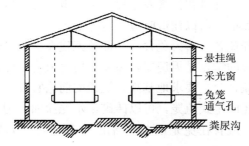

图 8-4　室内单层悬挂式獭兔舍

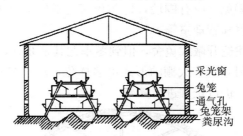

图 8-5　室内四列阶梯式獭兔舍

　　在北方，由于冬季寒冷，为了保暖，兔舍宜矮，并以土木结构为宜。墙体与屋顶应加厚，有利于保温。兔舍内地面以三合土（石灰、碎石和黏土的比例为 1：2：4）为宜，并要尽可能平整、干燥。在南方，因为夏季炎热，为了防暑，兔舍宜高，以开放式或半开放式为好。兔舍要多开设窗户。冬季封闭门、窗时，也可利用天窗抽出舍内的污浊空气；夏季要勤开门、窗进行自然通风。建材以砖、瓦和水泥为宜。

　　室内兔笼的排列，要与房屋的朝向一致，使所有的兔笼舍能充分通风和透光。此外，还有全封闭式室内笼养兔舍。这种兔舍的四周和屋顶是全封闭的，舍内的小气候完全靠特殊装置自动调节。在通风换气方面，当舍内外气压差达到一定程度时，自动通风装置的风扇开启，空气由上面进入室内，废气由下面管道排出舍外。同时，舍内还装有自动调节温、湿度和光照的系统，还有自动喂料、饮水和清粪等装置。这种兔舍能使兔获得高而稳定的增重率和对饲料的转化率，也有利于防止各种疾病的发生和传播。但必须注意按獭兔的生活习性和要求严格控制舍内的温、湿度、光照和通风量等。该种兔舍虽为理想，但造价高昂，并且在设备发生故障和停电、停水等情况下，其饲养效果就难以保证，所以建造时应慎重考虑。

②室外笼养兔舍（露天兔舍）　即兔笼建在室外，也称为敞开式兔舍。这种兔舍的特点是无房屋，兔笼与房舍成为一体，起到双重作用。建造这种兔舍时，要求地基高，笼顶的前檐宜长，后檐宜短，笼壁要坚固。如建固定式兔笼，可以砖砌，水泥涂面。为了防暑，兔笼可建在树林下，或者在兔笼顶上（高出 10 厘米以上）搭上棚架，加盖棚顶或种攀缘植物。

室外笼养獭兔，应有围墙，以防兽害与被窃。此外也应有通道、储粪池、饲料室和管理室等。

各地均可建造开敞式兔舍，但到冬季尤其是北方，应加盖塑料大棚进行保暖（图 8-6）。大棚的形式可多样化，兔子冬季养在大棚内，只要严加管理，仍可正常进行繁殖。

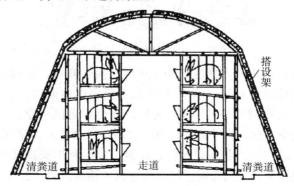

图 8-6　塑料大棚式獭兔舍

③半敞开式兔舍　该形式兔舍可分单列和双列两种。兔舍内的小气候靠门窗与外界进行自然调节。单列式兔舍可四面有墙，也可三面有墙或兔笼朝向面设矮墙。双列式兔舍则四面有墙。兔笼直接安装在一边或两边墙上，即兔舍的墙壁就是兔笼的后壁。兔笼的承粪板也安在兔舍的墙壁上，并伸出 10～15 厘米。在靠近屋顶 10 厘米处的墙上开气窗。每间兔笼的后壁上开 20 厘米×20 厘米的小窗，中间用立

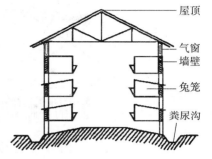

图 8-7　半敞开式双列獭兔舍

砖砌成栅栏状，或用钢筋制成栅栏状，也可用钢板网挡牢，供通风透光用（图 8-7）。

在承粪板上面的墙壁上也开个扁形小孔，供排除粪尿用。兔笼前面或两排兔笼之间留 1.3～1.5 米宽的走道，用水泥或三合土做成中间略高、向两侧倾斜略带坡度的地面。墙用砖砌，屋顶盖瓦，最好能加隔热层，以减少夏天的阳光辐射。屋顶要有一定的倾斜度，以便排水。冬季无墙部分和墙上孔洞处要进行堵挡，以便保暖。日常须防兽害。

④室内、室外相结合的兔舍　舍内除有单列三层兔笼外，在前墙内的窗下设一单层兔笼，笼的面积可大可小，可供单养、群养或专养繁殖母兔用。笼的下部可开口通向舍外的运动场，天气变化和寒冷时可将开口堵死。建造这种兔舍时，要严防兽害。

（2）栅栏式群养兔舍　这种兔舍可用空闲屋改建，也可以新建。具体是在屋内设前墙或前、后墙用 80～90 厘米高的竹片、竹竿或铁丝网筑成一列或双列多格的围栏，双列栏中间要留人行道，以便饲养管理操作。围栏以砖砌也可。每栏的面积可根据需群养的兔数来决定。栏圈的地面设置栅栏状的底板，以便粪尿漏下，保持清洁卫生。可在墙上开洞通往室外围栏（运动场）。室外围栏的建造同室内，其面积宜大于室内，并辅以干河沙，以便打扫和保持清洁。晴天可在运动场上进行喂饮，阴雨和冷天在室内栅栏里饲喂。这种兔舍适于饲养

獭兔的幼兔，每栏饲养 30 只幼兔或 20 只青年兔（图 8-8）。

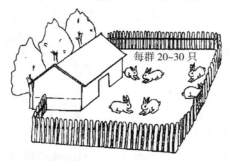

图 8-8　獭兔栅栏式群养

这种兔舍的优点是节省人工和建材，饲养管理较为方便，獭兔也能呼吸到新鲜空气，并得到充分的运动，饲养量大，光照充足，兔体质健康。缺点是兔舍利用率不高，难以给兔分食；易发生咬斗，难以控制疾病的传播。一般此种兔舍饲养后备兔和商品兔。

105. 冬季怎样利用塑料大棚养獭兔？注意事项有哪些？

建棚材料：主要是农用塑料薄膜，要透明宽幅的，厚度以（0.1±0.02）毫米为宜。用木棍、竹竿、水泥柱、钢材和竹片作支架，以绳索、铁丝捆扎固定。外加草帘保温。塑料薄膜的下缘埋在土里，夯实固定。棚的高度只要能通风换气和便于饲养管理操作即可，棚顶坡度主要取决于阳光照射角，做到有利于采光、能防积水和便于清除积雪即可。暖棚的通风换气主要靠门窗，门可设在棚的端部，以人能出入为原则，并要挂棉帘或草帘。窗可设在侧部或顶部，不要过大和过多。长 10 米以上、宽 3 米以上的暖棚，开 1～2 个窗户即可。窗的密封度要好，并能开关方便。其注意事项主要有：

（1）**通风防潮**　塑料薄膜的透气性差，棚内的湿度高，水汽往往凝集在薄膜上，夜间会结成霜，白天化成水滴，既增加了棚内湿度，又影响光照，所以要适时打开门窗进行通风换气。天晴日暖时可多开启几次。粪便要及时清扫，并清除出棚外，最好是多撒些石灰或干沙等吸潮物质，做到尽量减低棚内的湿度，保持棚内干燥。

（2）增加光照 獭兔繁殖的适宜光照为 14～16 小时，冬季为短日照，因此要用人工光照加以补充。这样有利于促使母兔正常发情和受胎，一般每隔 3 米左右装一只 40 瓦的灯泡，使每日的光照时间达到 14 小时以上即可。

（3）日常管理 塑料薄膜易吸附水珠和尘土等影响光照和棚温，应当经常打扫和擦洗。大棚的支架要牢固，以防被风刮掉。积雪要及时清除，防止压破薄膜。薄膜破了要及时修补。棚内温度降至零下时，要适当生火取暖，并安装好烟囱，防止煤气中毒。

（4）拆棚整理 当天气转暖时，大棚可以拆除。但拆棚要有一个过渡阶段，即白天开门窗，夜间不盖草帘，底部掀开部分薄膜以至全部拆除等几个步骤。全部拆除时，日均气温最好能在 10℃ 左右。拆下的薄膜要清洗干净，晾干后妥为保管，以备下一年再用。

106. 地窝养獭兔法有什么优缺点？

地窝养獭兔就是在大规模立体养殖的基础上，在地下修建底层笼位一对一的地洞（图 8-9）。此种地窝养殖法完全回归了獭兔打洞产仔的自然习性，减少了人为的干扰，又适合于大规模的集约化养殖，解决了挂式产仔箱、仔母笼等技术上的不足。

（1）优点

①地窝养兔法简化了獭兔繁殖操作的工作程序，提高了饲养人员

图 8-9 地窝养獭兔

的工作效率，减少了饲养员的劳动量，一个饲养员可以轻松管理300～500只种兔。

②地窝养兔法不会造成母兔产仔时将仔兔产在笼底板上，因吊仔、滚笼、冻死等所造成的仔兔死亡现象；也不会产生半大仔兔爬出产仔箱而回不去造成死亡等现象；也解决了母兔产仔、哺乳时需要人工看护守候问题，因而减轻了饲养员的精神负担和劳动强度，降低了母兔繁育过程对饲养人员责任心的依赖程度。

③地窝内光线暗淡、安静舒适、冬暖夏凉，母兔安静，一年四季均可产仔，产前撕毛好，难产、死胎少，提高了母兔的年产仔量。

④地窝养兔不会出现母兔笼内外到处有草、有毛，改善了母兔笼内的卫生环境，使兔舍内的卫生便于清理。

⑤地窝的建设充分利用了现有兔舍的空间，增加了兔舍内兔子的存栏量，增加了母兔笼的有效使用率。

（2）不足

①地窝的建造受到一定条件的限制，对原有场地笼具的改造可以因地制宜采取多种形式，但有一些兔舍的条件就不能进行地窝的建造。

③由于地窝洞口的限制，在清理兔笼低层及地窝内的卫生时比较麻烦，地窝内容易受到兔粪尿的污染，因此每次清理消毒地窝时一定要彻底。

107. 怎样建造地窝养獭兔？注意事项有哪些？

（1）地窝的建造方式　养獭兔的地窝的建造可以根据兔舍内的条件因地制宜，尽可能做到少占地、少用工，少投入、多产出。一般养獭兔地窝有三种建造方式，即地下式、半地下式、地上式。①地下式：地窝全部建在地下。优点是接触地气好，冬暖夏凉的效果好，但进出口坡道长，占地面积大。②半地下式：地窝建造时一半在地下，既可接地气又能节省占地空间。③地上式：由于条件限制只能在水泥地上做地窝，模仿地下的环境（图8-10，图8-11）。

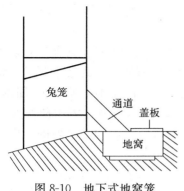

图 8-10 地下式地窝笼

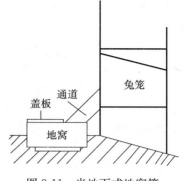

图 8-11 半地下式地窝笼

（2）地窝建造的几个注意事项 ①地下水位比较低或者地下比较潮湿或者舍内的粪道渗漏的情况不宜建造地窝。②为便于日常检查、消毒、清理卫生等工作，地窝建设不能过深，最多不超过 0.5 米。③地窝进出口通道不能过长、过陡、过于狭窄。地窝内建造的尺寸要适当。尺寸过大刚下生的仔兔不集中，容易乱爬，温度过低，造成仔兔吃不上奶，甚至死亡；尺寸太小时，母兔难于转身。④地窝检查口和通道盖板要能封闭牢固，开启方便，既能关住兔子，又能方便清理卫生。⑤地窝盖板与地面要平，便于行走和打扫卫生，底板最好是活动的，这样便于取出清理和消毒。

108. 常见獭兔兔笼的种类有哪些？

分移动式兔笼和固定式兔笼两种。

（1）移动式兔笼 根据构造特点又可分为单层活动式、双联单层活动式、单层重叠式、双联重叠式及室外单间移动式等多种。这些兔笼均有移动方便、构造简单、操作方便、节省人力、易保持兔笼清洁和控制疾病等优点。重叠式兔笼还有占地面积小等优点。除室外单间移动式兔笼外，一般均适宜在室内笼养。

（2）固定式兔笼 根据构造特点，又可分为室外简易兔笼、室内多层兔笼、立柱式双向兔笼和地面单层仔兔笼等。

①室外简易兔笼 根据各地具体条件可建单层或多层。这种兔笼

适用于家庭养兔，在较干燥地区可用砖块或土坯砌墙，并用石灰粉刷。

②室内多层兔笼　一般为砖木结构或水泥预制件组建而成，多为3～4层，每2～3笼设一立柱，或用砖块砌成砖柱。为便于管理，笼体总高度以1.8～1.9米为宜，两层兔笼间的前距不得低于12厘米，一般以15～18厘米为好，后距以20～25厘米为宜。为了防潮和通风，底层应距地面30厘米以上。室内多层兔笼可以是单列的，也可以是双列的。

双列式多层兔笼有的是背靠背的，粪沟设在两排兔笼的中间；有的则是面对面的，粪沟设在各自的背面，据实践经验，这类兔笼具有笼内通风、占地面积小、管理方便等优点，目前国内养兔多采用这类兔笼。

立柱式双向兔笼：这类兔笼由长臂立柱架和兔笼组成，一般为三层（图8-12），所有兔笼都置于双向立柱架的长臂上。这类兔笼的特点是同一层兔笼的承粪板全部相连，中间无任何阻隔，便于清扫，清粪道在兔笼前缘，容易清扫消毒，舍内臭味较小，饲养效果较好。

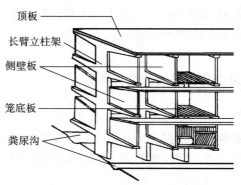

顶板

长臂立柱架

侧壁板

笼底板

粪尿沟

图8-12　立柱式双向兔笼外观

地面单层仔兔笼：这种仔兔笼多为水泥结构，笼底面积长为60～120厘米，宽为60～70厘米，无笼门，开口朝上，高60～80厘米（图8-13）。这类兔笼有利于保温、防兽害，利于仔兔生长发育，但清扫、更换垫草和给水喂料均不方便。所以，目前有些兔场已将笼底改为竹条或活动网板，笼顶用竹条或铁丝网覆盖。

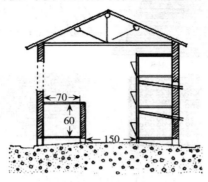

图 8-13　母子笼舍

109. 怎样建造獭兔笼？

兔笼一般应造价低廉，经久耐用，便于操作管理，并符合獭兔的生理要求。设计内容包括兔笼大小、笼门、笼底板、承粪板及笼壁等。

兔笼大小一般以獭兔能在笼内自由活动为原则，繁殖母兔和种公兔的笼长 70 厘米，笼宽 65～70 厘米，笼高前檐为 45～50 厘米，后檐为 35～40 厘米；幼兔笼宜大些，便于群养；商品獭兔笼的尺寸宜小些。

笼门应装在笼前，可用竹片、网眼铁皮或铁丝网制成，安装要既便于操作又能防御野兽入侵。

笼底板是獭兔直接接触的地方，要求牢固，不积留粪粒，最好用光滑竹片钉成，竹片宽约 2.5 厘米，条间距离为 1.3～1.5 厘米。竹片方向应与笼门平行，安装成活动式，便于定期清洗消毒。目前市场上也有采用条式塑料地板、板式塑料地板或金属底网（图 8-14）。

承粪板一般采用水泥预制板，在多层兔笼中上层承粪板为下层兔笼的笼顶，前面应突出笼外 5～8 厘米，并伸出后壁 3～5 厘米。安装时应向后壁倾斜，倾斜角度为 15° 左右，以使粪尿经板面直接流入粪沟，便于清扫。

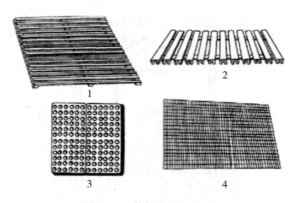

图 8-14　獭兔笼底板类型
1. 竹片底板　2. 条式塑料底板
3. 板式塑料底板　4. 金属底网

笼壁一般用砖块或水泥板砌成，也可用竹片、网眼铁皮钉成。笼内必须光滑，如用网眼铁皮钉制，为防锈蚀，应在表面涂一层油漆。

110. 獭兔养殖常见的附属设备有哪些？

（1）产仔箱　又称巢箱，是母兔产仔哺乳的场所，也是仔兔的生活场地。一般用木板或金属片制成。

目前我国各地兔场多采用木制产仔箱，有两种式样：一种是敞开的平口产仔箱，多用 1 厘米厚的木板钉制而成，箱底有粗糙锯纹，并凿有间隙或开有小洞，使仔兔不易滑倒和利于排除尿液；另一种为月牙形缺口产仔箱，可竖立或横倒使用（图 8-15）。

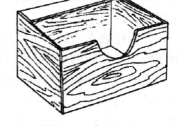

图 8-15　兔产仔箱

（2）饲槽　又称食槽。机械化兔场多用自动喂料器，一般安置于兔笼壁上。家庭养兔按饲养方式而定，群养兔或运动场上一般使用长食槽；笼养兔通常采用陶瓷食盆；多层笼养兔多用转动式或抽屉式饲槽。各种饲槽均要求结实、牢固，不易破碎或翻倒，同时还应便于清洗和消毒。

（3）草架 用于饲喂青绿饲料和干草，一般用竹片或木条钉成 V 形。群养兔或运动场用的草架可钉成长 100 厘米，高 50 厘米，上口宽 40 厘米；笼养兔的草架一般固定在笼门上，草架内侧间隙为 4 厘米，外侧为 2 厘米，可用金属丝、竹片或木条制成（图 8-16）。

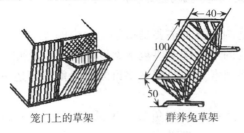

笼门上的草架　　　　　群养兔草架

图 8-16　草架（厘米）

（4）饮水器 小型兔场或家庭养兔可用瓷碗或陶瓷水钵，优点是清洗、消毒方便，经济实用，缺点是每次换水要开启笼门，水钵容易翻倒；笼养兔可用盛水玻璃瓶倒置固定在笼壁上，瓶口上接一橡皮管通过笼前网伸入笼内，利用空气压力将水从瓶内压出，供兔子饮用；大型兔场可采用乳头式自动饮水器，每幢兔舍装有贮水器，通过塑料或橡皮管通至每层兔笼，然后再由乳胶管通向每个笼位，这种饮水器的优点是既能防污染，又可节约用水，缺点是投资成本较大，对水质要求较高（图 8-17）。

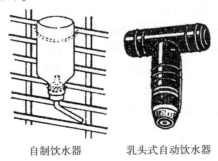

自制饮水器　　　　　乳头式自动饮水器

图 8-17　獭兔饮水器

（5）其他设备 饲养需要的设备还有很多，常用的有耳号钳、保定台、体重计、拌料器、喷雾器、解剖用器械、板车、粪车、刮粪板和配制饲料用的饲料粉碎机、搅拌机、颗粒饲料机和青料切碎（打浆）机，以及注射器械、冰箱、消毒设备等。这些，各兔场可根据实际需要和经济条件进行选用。

111. 獭兔场环境调控技术有哪些？

獭兔场环境调控技术主要是指獭兔舍内的獭兔生活的小气候调控技术，獭兔舍内的小气候主要包括温度、湿度、光照、有害气体和噪声等因素，这些因素人工控制主要目的是给獭兔营造一个舒适的生活环境。

（1）温度 獭兔的成年兔最适生活温度为 15～25℃，幼兔最适生活温度为 20～25℃，新生仔兔为 30～32℃。日龄越小，体温调节机制发育越不完善，所以对环境温度要求越高。獭兔只有在最适合温度条件下其生长发育效果最佳，对饲料利用率和抗病力较强。另外，还应注意獭兔舍内应绝对避免气温的急剧变化，一般兔舍面积小的温度容易控制，面积越大的獭兔舍，舍内不同区域温差越显著。据生产实践，成年獭兔在低于 5℃ 或高于 30℃ 时则感到不适，并严重影响生产性能的发挥。因此，应将不同年龄的獭兔分别置于局部温度比较适宜的位置。

在夏季炎热地区，一般可采用舍前植树，加强兔舍通风或通过地面喷雾、洒水等措施，使兔舍温度下降 3～5℃；地处寒冷地区的种兔场进行冬繁、冬育时，可采用锅炉集中供热或用电热器、保温伞、火炉、火墙等局部供热，均可明显提高冬季繁殖仔兔的成活率。

（2）湿度 过高的湿度条件对獭兔的健康极为不利。獭兔所需的最适相对湿度为 60%～65%。一般不应低于 55%。

高温高湿会影响獭兔特别是公兔的散热，引起中暑；低温低湿又会增加散热，寒冷对仔、幼兔影响最大；在温度适宜而潮湿的环境下，则有利于细菌和寄生虫的繁殖，可引发各种疾病，影响獭兔的生长、繁殖，因此，必须注意调节湿度。调节湿度的最佳方法是加强通风管理，尽量保持兔舍干燥和湿度恒定。

（3）有害气体 粪尿及污染的垫料在一定温、湿度下可散发出氨、硫化氢和二氧化碳等有害气体，对獭兔生长健康影响极大。一般舍内有害气体的允许浓度标准为：氨<30 厘米^3/米^3，硫化氢<30 厘米^3/米^3，二氧化碳<30 厘米^3/米^3。

控制有害气体的关键措施是通风。此外，还应及时清除粪尿，且粪尿池应远离獭兔舍；兔舍内应设有良好的排水系统，经常保持笼舍的清洁干燥和环境卫生。

通风是调节兔舍内外温、湿度的好方法，还能排出舍内废气和有害气体，有效地减少呼吸道疾病的发病率。饲养密度较小的兔场可采用自然通风，主要依靠天窗或气窗调节通风量，排气孔面积应为舍内面积的 2%～3%，进气孔面积为 3%～5%。规模较大的兔场可采用抽气式或送气式机械通风，风速以 0.4 米/秒为宜。

(4) 光照 一般兔场多采用自然光照，兔舍门窗的采光面积应占地面的 15%左右，阳光入射角度不低于 30°。繁殖母兔每天光照 8～10 小时，可获最佳繁殖效果。公兔、仔兔、幼兔一般每天光照 8 小时即可，光照强度以每平方米兔舍面积 4 瓦为宜。

采用自然光照时，应该避免阳光直射。

(5) 噪声 从獭兔的生理特点看，獭兔性情胆小怕惊，听觉灵敏，常竖起双耳感觉周围动静，趋利避害。若有骚扰即紧张不安，特别在配种、妊娠、分娩和哺乳期间影响更大，可引起消化、神经和内分泌系统机能紊乱，母兔流产死胎，产后抛弃或咬死仔兔。

养兔场应该尽量保持环境安静，特别是要避免不要有突然发出的巨大声响，獭兔场选址时要尽量选择周围环境安静的地方。

(6) 环境卫生 环境卫生的好坏不仅对养兔舍有直接的影响，而且也能把獭兔传染病的传播控制到最低程度。一般来说，养殖场除兔舍外，其他地方也要保持卫生，经常打扫，定期消毒，另外，养殖场的好的绿化也具有明显的调温、调湿效果，多种植阔叶树在夏天有助于遮阴，冬天能挡风。据测定，绿化工作搞得好的兔场夏天可降温 3～5℃，相对湿度可提高 20%～50%。种植草皮也可使空气中的灰尘量减少 5/6 左右。

第九章 獭兔产品的加工和利用

112. 獭兔鲜皮的成分是什么？

组成兔皮的化学成分，主要为水、脂肪、矿物质、蛋白质和碳水化合物。

（1）水分 刚屠宰剥取的兔皮含水 65%～75%，一般幼龄兔皮的含水量高于老龄兔，母兔皮的含水量高于公兔皮。

（2）脂肪 鲜皮中的脂肪含量占皮重的 10%～20%，脂肪对兔皮的加工鞣制有很大影响，因此，含脂肪过多的生皮，在鞣质加工前必须进行脱脂处理。

（3）矿物质 鲜皮中含有少量矿物质，占鲜皮重的 0.3%～0.5%，主要有钠、钾、镁、钙、铁、锌等。

（4）蛋白质 鲜皮中蛋白质含量占 20%～25%，是毛皮的重要组成成分。

（5）碳水化合物 鲜皮中的碳水化合物含量占皮重的 1%～5%。

113. 獭兔被毛有何特征？

獭兔被毛的特点是绒毛含量丰富，针毛含量低。如果一张獭兔皮针毛含量过高，且突出绒毛表面，就失去了獭兔毛皮的特点。据测定，獭兔被毛中的针毛含量为 4%～7%，绒毛含量为 93%～96%，从不同部位看，针毛以肩部最高，背部次之，臀部最低。从不同性别来看，母兔被毛中的针毛含量高于公兔。獭兔被毛中的针毛含量，除受遗传因素如品系等影响外，主要受环境温度和饲养管理的影响。不良的饲养管理，如蛋白质不足、以草喂兔、忽视品种的选育提高等，均会引起品种退化，针毛含量增加。

114. 不同季节获取的獭兔皮张各有何特征？

獭兔宰杀取皮季节不同，皮板与毛被的质量也有很大差异。

(1) 冬皮　冬皮是指从每年立冬（11月份）至立春（2月份）屠宰所取的獭兔毛皮。此期气候寒冷，经秋季换毛后，毛被已全部退换为冬毛，此时所产的皮张毛绒丰厚，平整，富有光泽，板质足壮，富含油性，尤其是冬至到大寒期间所产的毛皮品质最佳。

(2) 春皮　春皮是指从每年立春（2月份）至立夏（5月份）屠宰所取的獭兔毛皮。在此期间，由于气候逐渐转暖，且獭兔处于换毛期，此时所产的皮张底绒空疏，光泽减退，板质较差，略显黄色，油性不足，品质较差。

(3) 夏皮　夏皮是指每年从立夏（5月份）至立秋（8月份）宰杀獭兔或淘汰獭兔所取的皮张。此期天气炎热，而且经春季换毛后已褪掉冬毛，换上夏毛，此时所产的皮张，被毛稀短，缺少光泽，皮板瘦薄，多呈灰白色，毛皮品质最差，制裘价值最低。

(4) 秋皮　秋皮是指每年从立秋（8月份）至立冬（11月份）宰杀獭兔或淘汰獭兔所取的皮张。此期气候逐渐转冷，且草料丰富。早秋所产的皮张毛绒粗短，皮板厚硬，稍有油性；中、晚秋皮毛逐渐丰厚，光泽较好，板质坚实，富有油性，毛皮品质较好。

115. 獭兔什么季节取皮最好？

獭兔取皮要讲究适龄、适重、适时。所谓适龄、适重，指青年兔第一次年龄性换毛后，第二次换毛前，5～6月龄时体重2.75千克以上宰杀取皮最为适宜，此时皮张面积符合等级要求；所谓适时，则指成年兔取皮，老龄兔淘汰，应选在冬末春初，即11月至次年2月前后，此时绒毛丰厚，光泽好，板质优，毛绒不易脱落，优级皮比率大。

严禁剥取獭兔处于换毛期间的毛皮，这是獭兔毛皮生产的一条戒律，换毛期绒毛长短不一，极易脱落，鞣制成熟皮时绒毛成片脱光，影响品质，所以应引以为戒。判定兔子是否正在换毛，简单的方法是用手扒开毛被，发现绒毛易脱落，有短的毛纤维长出，这就是换毛开始。

116. 正确屠宰獭兔的流程是什么？

（1）宰前准备 为保证皮张和兔肉的品质，对候宰兔首先应进行健康检查，病兔尤其是患有传染病的獭兔，应隔离处理。确定屠宰兔，宰前应断食 8 小时，只供给充足饮水，利于操作和确保皮张质量，而且节省饲料。

（2）处死方式 农村分散饲养条件下或小规模饲养的条件下，可采用颈部移位法处死獭兔（图 9-1）。即左手抓住后肢，右手捏住头部，将兔身拉直，突然用力一拉，使头部向后扭，颈椎脱位致死。也可采用棒击

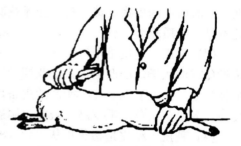

图 9-1 獭兔颈部移位处死方法

法，即一手提起后肢，另一手持木棒猛击耳根延脑部致死（图 9-2）。

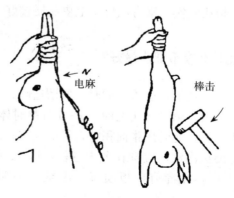

电麻

棒击

图 9-2 獭兔处死方法

大规模饲养獭兔条件下可采用电麻法，即用70V、0.75A电麻器轻压耳根部，使兔触电致死（图9-2）；此外还可以采取耳静脉注射空气5～10毫升，使血液栓塞致死。农村采用的尖刀割颈放血或杀头致死法，易使毛皮受污损，一般不宜采用。

（3）剥皮　处死后应立即剥皮。手工剥皮时先将左后肢用绳拴起，倒挂在柱子上，取利刀切开跗关节周围的皮肤，沿大腿内侧通过肛门单行挑开，将四周毛皮向外剥开翻转。用退套法剥下毛皮，最后抽出前肢，剪掉眼睛和嘴后周围的结缔组织和软骨即可。退套剥皮时，注意不要损坏毛皮，挑破腿肌和撕裂胸腹肌（图9-3）。

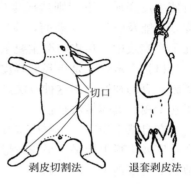

剥皮切割法　　　　退套剥皮法

图9-3　獭兔手工剥皮方法

（4）放血净膛　将剥皮后的兔体倒挂于钩上，或由助手提举后腿，割断颈部血管和气管放血3～4分钟，剥皮后放血可减少毛皮污染，而且充分放血可使胴体肉质细嫩，含水量少，利于贮存。放血后胴体应立即剖腹净腔。方法是，先用利刀断开趾骨接合处，分离出泌尿生殖器官和直肠；再沿腹中线切开腹腔，除留肾脏外取出全部内脏器官；在前颈椎处割下兔头，在肘关节处割下后肢，在腕关节处割下前肢，在第一尾椎处割下尾巴；最后用清水洗净胴体上的血迹和污物。净胴体可作白条、分割或剥骨处理出售；取出的内脏可作为副产品收集进行综合加工利用。

117. 怎样对獭兔皮张进行防腐处理？

刚从兔体上剥下的生皮叫鲜皮，也叫血皮。鲜皮主要是由蛋白质构成的，含有大量的水分，是各种微生物的优良培养基，如不及时加工处理，就可能腐败变质，影响毛皮质量。

防腐是采取相应措施，使生皮达到不适于微生物和酶作用的条件而能长期保存的目的。在夏季兔皮剥下后如不经处理，2～3小时后鲜皮就会发生自溶现象（发酵作用）。这种作用是由皮中的酶所引起的。皮中所含的酶，在獭兔未屠宰前，具有促进皮组织的合成和分解作用，而且这种作用是平衡的。在兔死亡之后，这种酶就只能促使皮组织分解，即产生自溶作用。微生物和酶都会促使皮组织分解，轻者可使生皮变质，重者则造成生皮腐败。所以，从兔体上剥下来的鲜皮，不能及时加工处理的，应冷却1～2小时后立即进行防腐处理。在生产实践中，兔皮防腐主要采用干燥和盐腌两种方法。

（1）干燥法 是指降低鲜皮水分、阻止细菌活动的最简单的防腐措施。有的地区把用这种方法制成的干皮称为甜干皮或淡干皮以区别于盐干皮。具体做法是：

在自然干燥时，将鲜皮按其自然皮形，皮毛朝下，皮板朝上，贴在草席或木板上展平，呈长方形，置于阴凉通风处，不要放在潮湿的地面上或草地上（图9-4）。

钉板　　　　将板皮毛面向钉板展开钉上，阴干

图9-4　板皮干燥法

在干燥过程中要严防雨淋或被露水浸湿，以免影响水分的蒸发，干得过慢，不利于抑制细菌的有害作用，易导致生皮全面变质。同时也不要放在烈日下直晒，或放在晒热了的砂砾地与石头上。因其温度过高，干得过快，会使表层变硬，影响内部水分的顺利蒸发，造成皮内干燥不匀。同时，过高的温度会使皮内层蛋白质发生胶化，在浸水时容易产生分层现象。同时经过烈日暴晒的生皮，皮上附着的脂肪，就会熔化并扩散到纤维间和肉面上，使后期鞣制时药液浸入困难。

在干燥过程中，禁止皮面与毛面重叠，切忌烈日暴晒，也不能放在火炉边烘烤，以防皮板龟裂或被熔化的残脂浸染。

干燥法具有方法简便，成本低，分量轻，皮板洁净，便于运输的优点。但只适合于干燥地区和干燥季节采用。干燥不当时，易使皮板受损，在保管过程中容易发生压裂或受昆虫侵害，搬运时附在上面的尘土飞扬，对工作人员健康不利。

（2）盐腌法　在鲜皮晾晒前用盐腌，此种方法实际上是用食盐吸出皮内水分并抑制细菌繁殖，达到防腐的目的。盐腌法有以下两种，但用盐量均为鲜皮重量的40％，所用盐的颗粒以中粗的为好，冬季腌盐的时间要适当长一些。盐腌晾晒后的干盐皮优点是：始终含有一定水分，适于长时间保管不易生虫，但是阴雨天容易回潮。因此，在阴雨季节仓库须密封，以免潮气侵入。

①撒盐法　将清理好的鲜皮毛面朝下，板面向上，平铺在水泥地上或水泥池中，把边缘及头、腿部位拉开展平，在皮板上均匀地撒上一层盐；然后再按此方法铺上一张，撒一层盐，直到堆码达适当高度为止；最上面的一张皮需要多撒一些盐（图9-5）。为了防止出现"花盐板"，一般在五六天后翻一次垛，即

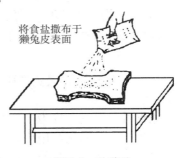

将食盐撒布于
獭兔皮表面

图 9-5　盐腌法

把上层的皮张铺到底层，再逐张撒一层盐。再经过五六天时间，待皮腌透后，取出晾晒。

②盐腌法　将清理好的鲜皮浸入浓度为25％～35％的食盐溶液中，经过16～20小时的浸泡，捞出来再按上述方法撒盐、堆码，1周后可晾晒。

118. 怎样贮藏保管和包装运输处理好的獭兔皮张？

经过防腐处理的皮张，必须按等级、色泽、品种等进行捆扎或包装，分别存放。而且应该毛面对毛面，头对头，尾对尾叠置平放。同时，每隔2～3张皮要撒置少量萘粉（俗称樟脑球粉或卫生球粉），以防虫蛀，然后堆放在库房内。贮藏的库房应该干净，库房的适宜湿度为50％～60％，最适宜温度为10℃，最高不超过30℃，使原料皮的

水分保持在 12％～20％，以防脆裂或腐烂。生皮应堆放在木条上，堆皮的地方应先撒上敌敌畏或萘粉，然后进行堆放。最上面的一张皮应毛面向外，并在上面撒上萘粉。在贮藏过程中，每月要检查 2～3 次。

包装时，按品质或张片基本一致的叠放在一起，每 10 张一扎，撒上少量防虫药剂，包一层防潮纸，然后用纸箱或者塑料编织袋打包成捆运输。

公路运输必备防雨设备。长途运输皮张，一般采用绳捆法，每捆 25～50 张，打捆时要毛面对毛面，皮板对皮板，层层叠放，但每捆上下两层必须皮板朝外，再用塑料编织袋包装，用绳子按井字形捆紧，经检疫、消毒后方能发运。

119. 怎样进行獭兔皮张鞣制？

兔皮目前以制裘皮为主，制革皮为辅。制裘皮的兔皮，以毛绒丰富、平顺为主，而制革用皮，则以皮板质地为主，毛绒脱落后可作其他原料。鞣制兔皮的目的是改变皮板干后变硬的缺点，使之柔软而有韧性。皮板是由表皮、真皮和皮下疏松组织三部分构成的。真皮部分最发达，有许多纵横交错的胶原纤维，这些纤维韧性很强，可使皮板结实，但胶原纤维干后就变硬，使整个皮板也发硬，如果能改变纤维的特性，又不影响其强度，就达到了鞣制的目的。皮张鞣制的程序一般是去除皮张脂肪、血污及残留的肌肉→浸水回软→脱脂→鞣制→整理（图9-6）。现介绍一种兔皮的简易鞣制法。

（1）洗涤和清理　把新鲜的兔皮平铺在板上，用刀

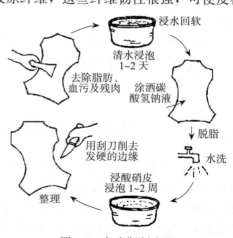

去除脂肪、血污及残肉

浸水回软

清水浸泡 1~2 天

涂洒碳酸氢钠液

脱脂

水洗

用刮刀削去发硬的边缘

浸酸硝皮浸泡 1~2 周

整理

图 9-6　兔皮鞣制流程

刮去皮肌、脂肪和血污，特别要把脂肪刮净。陈旧和放干的兔皮要放在清水中浸泡1昼夜，再进行清理。清理完毕后，将兔皮翻转，使毛面向上，用35～40℃的温热肥皂液或碳酸氢钠溶液泼在毛上，用手掌顺毛、逆毛反复拭刷，一面刷一面泼。洗净后将兔皮在清水中漂洗，同时洗刷皮板的肉面，漂洗干净后，晾至不滴水即可鞣制。

（2）酸液浸泡　将兔皮的毛面对叠，使皮板向外浸泡在5％硫酸溶液中，要浸没兔皮，隔4～5小时翻动1次。8～10小时后，构成皮板的胶原纤维在酸性溶液中膨胀，使皮板变厚、面积缩小。撕拉一下边角处的皮下疏松组织，如果很容易撕下，即说明浸泡时间已够。用酸浸泡兔皮不会对毛有损害，因毛的抗酸力很强。将兔皮在清水中泡洗一下，晾至不滴水为止。

（3）皮板硝化　目前农户少量鞣制采用硝面鞣制法较多，大规模工厂化鞣制采用铝-铬鞣制、铬-醛鞣制或一些现代新工艺鞣制。我们这里只介绍农户家庭简易方法。

农户家庭鞣制兔皮用的主要药剂为皮硝，皮硝也叫芒硝，就是粗制的硫酸钠，各药店均有售。硝面鞣制液的配制：将20％的皮硝，25％的糯米粉或者大米粉加入水中，即1000毫升水中加入皮硝200克，米粉250克和匀。米粉切不可用面粉代替，面粉虽然也能发酵，但黏在兔毛上很牢，硝皮后不易拍掉。盛皮的缸要有盖，或用塑料布扎口，以免兔皮长霉，皮入硝后，每天要翻动一次，使缸内温度均匀。皮硝会慢慢地渗入膨胀的胶原纤维中。硝皮时间一般3周左右，取出一小片边角，除去涂料，在边角料干至七八成时，用力左右前后拉搓，若皮下组织发白变松说明皮硝已经吃透，即可将整张兔皮硝面全部除去（硝面可再次利用）。兔皮晾至八成干后，用手从各方向拉搓兔皮，以改变胶原纤维之间的位置关系，直至皮板恢复至原来大小和皮下疏松组织发白起皱为止。将兔皮晾至全干，拍净皮板，梳理被毛，就成一张柔软、光洁的兔皮。

在整个鞣制过程中要特别注意，兔皮在酸溶液浸泡时间不宜过长；皮板只宜风吹晾干，不能暴晒；不能待皮板全干后再拉搓，这是一个技术关键。如果皮板已经干透发硬，可以将兔皮夹在两层潮毛巾中，1小时后皮板还潮，就可以拉搓。

120. 经过初步加工的獭兔皮张质量有何要求？

獭兔毛皮品质的优劣主要依据皮板面积、皮板质地、被毛长度、被毛密度和毛皮色泽等来评定。

（1）皮板面积 皮板面积的大小直接关系到獭兔皮的利用价值。在其他品质相同的情况下，面积越大利用价值就越高。按照中华全国供销合作行业标准《獭兔皮》（GH/T 1028—2002）的分级标准与规格，獭兔毛皮的全皮面积特等皮为 1 400 厘米^2 以上，一等皮为 1 200 厘米^2 以上，二等皮为 1 000 厘米^2 以上，三等皮为 800 厘米^2 以上。

（2）皮板质地 优良的獭兔皮板质地应当是厚薄适中，坚韧而富有弹性；质地致密，手感足壮，板面平整、洁净、无油脂和肉屑，有色皮板面应无黑色素沉着，呈灰白色；毛面平齐，颜色纯正鲜亮，被毛不易脱落。以青壮年獭兔皮的板质最好，幼龄獭兔皮的板质太薄、太软，而老龄獭兔皮的板质太厚较粗糙。多因饲养管理粗放、剥取技术不佳或晾晒、贮存、运输不当等所致，严重者无制裘价值。在季节上，冬季皮致密、厚实、有弹性，质量较佳，而夏季皮则薄且疏松，易破裂。在加工处理时，如油脂、肉屑没刮净或晾晒不善或保管不当等情况，都会降低板质的质量。从部位上来讲，通常獭兔皮张厚度以臀部最厚，肩部最薄；冬季皮较夏季皮板厚。皮板厚度还随年龄增加而增厚。

（3）被毛色泽 对獭兔皮色泽的基本要求是要符合本品系色型的特征，毛色纯正，富有光泽。暗淡无光或不符合色型要求的，都会降低等级。色泽的纯正度主要受遗传、年龄的影响。品种不纯的有色獭兔，其后代容易出现杂色、色斑、色块和色带等异色毛。年龄不同，其色泽也有很大差异，4 月龄以前的幼兔，被毛尚未换完，颜色普遍发淡，不光顺；超过 12 月龄的獭兔，随着年龄的增加，色泽会褪淡。獭兔一生以 5 月龄至周岁前后色泽最为纯正而富有光泽。此外，管理不善、营养不良和疾病因素等均影响被毛的色泽。

至于何种色型的獭兔毛皮最珍贵，饲养何种色型最合算，主要取决于市场流行和消费者的不同爱好。随着科学的不断发展，可以通过染色来迎合市场，但对有色毛皮的染色有一些难度，因此，就当今商品角度而言，则以白色为最好。白色獭兔遗传稳定，不会出现杂色后裔，饲养数量最多，利于提纯复壮和提高商品品质。

（4）绒毛密度和平整度　绒毛密度指单位皮肤面积内所含有的獭兔绒毛纤维的根数。它与保暖性、美观性有很大关系。因此，要求獭兔绒毛密度越大越好。獭兔品系不同，绒毛密度不同，美系獭兔为 16 000～38 000 根/厘米^2，平均为 25 000 根/厘米^2；法系獭兔为 18 000～22 000 根/厘米^2，平均为 20 000 根/厘米^2。美系獭兔绒毛密度较法系高；母兔绒毛密度略高于公兔；臀部绒毛密度最大，背部次之，肩部最差。绒毛密度除受遗传、营养、年龄和季节等因素的影响外，营养越好，毛绒越丰厚；青壮年兔比老龄兔丰厚；冬皮比夏皮丰厚。饲养管理不善，忽视品种选育等，均会影响被毛密度。

绒毛平整度是指绒毛长短均匀，整齐一致，被毛十分平整。成熟的獭兔毛皮应是全身有浓密、细软、丰厚、平整的绒毛，其毛纤维短，以 1.6 厘米左右者为佳，而且针毛少，甚至没有，如果针毛多而突出于绒毛面，形成毛皮面凹凸不平，就失去了獭兔皮固有的特色。当獭兔处于换毛阶段取皮时，绒毛生长不平齐，毛皮不平整，无光泽，因此严禁在换毛期宰杀取皮。

121. 獭兔毛皮品质评定方法有哪些？

评定獭兔毛皮质量，主要通过一看、二抖、三摸、四吹、五量等步骤进行。

一看：一手捏住兔皮头部，一手执其尾部，仔细观察兔皮。先看毛面，后看板面，然后仔细观察被毛粗细、色泽、板底、皮形等是否符合标准，有无瘀血、损伤、脱毛等现象。若出现孔洞、旋毛、伤痕、痈疽、瘀血、掉毛、皱缩或过分伸拉等现象，则应降级处理。板质足壮，是指皮板有足够的厚度，薄厚适中，皮板纤维面积细致紧密，弹性大，韧性好，有油性。板质瘦弱是指皮张薄弱，纤维编织松弛，缺乏油性，厚薄不匀，缺乏弹性和韧性，有的带皱纹。

二抖：就是一只手捏住兔皮头部，另一只手执其尾部，上下不断地轻轻抖动，观察被毛长短、平整度，毛脚软硬，毛的弹性、粗毛多少等，依此来确定等级。

凡发现毛纤维过长（超过2.2厘米以上）、针毛突出、毛脚绵软、无弹性、毛被稀松、粗毛过多以及有掉毛现象者，均应降低处理。

三摸：手触摸毛皮，检查被毛弹性、密度及有无旋毛，同时将手指插入被毛，检查厚实程度。毛绒丰厚是指毛长而紧密，底绒丰足、细软，枪毛少而分布均匀，色泽光润。毛绒空疏是指毛绒粗涩，黏乱，缺少光泽，绒毛短，绒薄，毛根变油，显短干。

四吹：用嘴沿逆方向吹开被毛，使其形成漩涡，视其中心所露皮面积大小评定密度。若不露皮肤或露皮面积小于4毫米^2（1个大头针头大小）为最好；不超过8毫米^2（1个火柴头大小）为良好；不超过12毫米^2（3个大头针头大小）为合格。

五量：用尺子自颈的缺口中间至尾部量取长度，选腰间中部位置量其宽度，长宽相乘即为皮张面积。特等皮全皮面积在1 400厘米^{2}以上，一等皮面积应在1 200厘米^{2}以上，二等皮在1 000厘米^{2}以上，三等皮在800厘米^{2}以上。

122. 影响獭兔毛皮质量的因素有哪些？

影响獭兔毛皮质量的因素很多，主要有品种、营养与饲料、疾病防治、宰杀与剥皮、加工方法等因素。

(1) 品种选育 品种因素是决定毛皮品质的关键。如果种獭兔品种不纯、品种退化或体型变小，就会直接影响毛皮色泽，失去原有的色型特征，出现毛色混杂、绒毛稀疏、密度降低、平整度差、皮张面积小等现象，使獭兔毛皮质量达不到规定要求。按一般规律，獭兔体形大，毛皮面积就大，商品价值就高。因此，务必重视獭兔品种选育，对种獭兔进行提纯改良，精心选种。要严格淘汰不符合獭兔标准的种兔，选育出优质的核心种獭兔群，以切实提高獭兔毛皮质量。

(2) 营养与饲料 营养与饲料对毛皮品质影响很大。若长期营养水平较低，会引起獭兔生长发育受阻、个体变小、皮张面积不符合等级。但营养过剩，则会出现腹部毛尚未脱换完，背部毛又开始脱换的情况，对毛皮质量也会产生不利的影响。

在营养因素中，日粮中能量和蛋白质是影响毛皮动物生长发育和毛皮品质的主要因素。当日粮中消化能 10.88 兆焦/千克、粗蛋白质 18.5%、粗纤维 12%时，獭兔生长速度较快而且毛皮质量较好。低能量高蛋白质日粮（消化能 10.97 兆焦/千克、粗蛋白质 18.98%）和高能量高蛋白质日粮（消化能 11.31 兆焦/千克、粗蛋白质 19.36%）有利于獭兔被毛品质的提高。饲料中蛋白质不足，尤其是含硫氨基酸的不足，会导致毛质退化，绒毛空疏，毛纤维强度下降，针毛明显增加。

此外，维生素和微量元素的缺乏，常会导致被毛褪色、脆弱，甚至脱毛。生物素是重要的水溶性含硫维生素，广泛地参与机体的代谢；由于自然界生物素的浓度低且生物利用率有限，也会出现不足和缺乏，从而造成机体代谢功能的紊乱，导致獭兔生产性能的下降和抗病能力的削弱并且导致毛皮质量下降。胆碱缺乏时，肾脏损伤，毛皮粗糙、稀疏等。

铜缺乏则影响角蛋白合成过程中多肽链各种氨基酸的相互连接，因而使毛纤维发生异常变化，弯曲度减少，毛的张力和弹性减弱，降低纺织性能。日粮中添加一定比例的铜，对兔毛生长有促进作用，以添加剂量为 50 毫克/千克时作用显著；对皮板厚度的影响则是在添加量为 10 毫克/千克时显著，随着添加量增加，皮板厚度反而下降，表现出剂量效应。这可能与兔体内不同组织对铜的适用量不同有关。

（3）獭兔的疾病 如果笼舍潮湿、卫生条件差、兔体不清洁等，轻则会使獭兔皮毛脏乱，重则会导致各种疾病。疾病的发生不仅对獭兔健康和生长发育不利，还会影响毛皮的品质。有些疾病甚至会直接造成皮肤、被毛损伤而降低毛皮质量，如疥癣病、兔虱、螨虫、皮肤霉菌病、皮下脓肿等，会使獭兔毛皮不平或皮层溃烂成洞，斑痕累累；病瘦獭兔的皮质较薄弱而枯燥，皮板粗糙、松软、韧性差，皮毛焦燥，缺乏光泽，失去了制裘皮价值。

（4）宰剥年龄 年龄对毛皮品质影响很大。一般讲，成年兔皮的质量比幼龄兔皮的要好。4 月前的幼龄兔，因绒毛不够丰满，胎毛脱换未尽，板质轻薄，商品价值不高。5～6 月龄的壮龄兔，体重长到

2.5～2.75 千克，绒毛浓密，色泽光润，板质厚薄适中，取下的皮可达到一级皮面积标准，这时取皮质量最佳。老龄兔皮因绒毛干枯、毛纤维拉力差、色泽暗淡、板质厚硬粗糙，商品价值很低。

(5) 取皮季节　取皮季节对青年兔影响不大，但对成年兔和老龄兔则以冬皮品质最佳。取皮季节最好选在冬末春初，即 11 月到次年 3 月，此时绒毛丰厚，光泽度好，板质优良。因为冬季气候寒冷，兔皮毛长绒厚，毛面整齐，色泽光润，板质厚实；春季正值成年兔和老龄兔换毛时节，兔皮毛长而稀，底绒空疏，毛面不整齐，板质较粗糙，质量较差；夏季气候炎热，毛短而粗，底绒稀薄，皮板薄而硬，呈暗黄色，品质最差，使用价值很低；秋季气候适宜，饲料丰富，毛绒密而平齐，但仍较短，板质较厚实，品质仅次于冬皮。

在实际生产中要坚持适时适龄取皮，最好选在冬末春初，少剥春皮，禁剥夏皮。

(6) 宰杀与剥皮的方法　宰杀时处死方法不当，如用刀放血、杀头致死或灌醋处死等方法，往往会造成血污，严重影响毛皮质量。因此，处死方法应本着简便易行，致死快，不污染毛皮，保持尸体清洁和不影响毛皮质量为原则。处死方法可采用颈部移位法、棒击法、电麻法和空气注射法等。獭兔宰杀后尸体应放在干净、凉爽的地方，并要尽快剥皮，切忌长时间堆放，以防受热而影响毛皮质量。如果剥皮不当或技术不够熟练，会造成缺材、皮形不完整或歪皮（背部皮长、腹部皮短或背部皮短、腹部皮长）等，影响毛皮的质量。

(7) 加工技术　加工技术包括剥皮、晾皮、储皮、染皮、整皮等技术。若加工不合理、整形不当，则会造成"褶皱板"或皮形不完整；鲜皮处理时方法不妥，会损伤毛囊，使皮板变色、毛绒脱落；晾晒不及时或方法不当，皮板会发生霉变、"油浇""冻糠"等；撑皮用力过猛或撑拉过大，皮板干燥后会使腿、腹部皮张薄如纸，制裘时容易破损；皮张在干燥或储存期间，若烟熏时间过长，会使皮板枯干发黄而失去油性光泽。在储运过程中若保管不当，会发生虫蛀、鼠咬、变色、霉烂等，轻则降低毛皮质量，重则失去使用价值。

123. 改良獭兔毛皮质量的措施有哪些？

(1) 加强獭兔品种选育 应根据獭兔的品种特征选好种，通常种獭兔具有如下特征：选被毛长 1.6 厘米左右、毛纤维直径在 18～19 微米、密度大、枪毛少、长短均匀、整齐一致、色泽光亮、绚丽多彩、富有反弹力、着生牢固；四肢较短细、腹部紧凑、身体结构匀称、头小额宽、眼大而圆、眉目清秀、耳中等长而直立、尾巴较短秃、肉髯明显、后爪宽大；体质健壮、生长发育迅速、体重大产肉性能高；生殖机能旺盛、遗传性能稳定、繁殖力强。

目前，獭兔主要有美系、德系和法系 3 个品系。这 3 个品系各有所长，从繁殖力来看，美系獭兔最高，德系獭兔最低；从生长速度来看，德系獭兔的生长潜力最大。因此，可用美系獭兔作为第一母本，用德系或法系獭兔作为第一父本进行杂交；再用杂交一代的母兔作为第二代母本，与德系公兔进行杂交，用三元杂交后代直接进行育肥。实践证明，通过系间杂交生产的后代，生长效果优于任何一种纯系獭兔。

(2) 合理的营养 从断奶到 3 月龄期间应保证獭兔的营养水平，任其自由采食，充分利用其早期生长快的特点，挖掘其生长的遗传潜力，让幼兔多吃快长。这是由于獭兔被毛毛囊的分化与体重的增长存在正相关关系，即体重越大，毛囊密度也越大。而毛囊的分化主要在早期，因此抓早期育肥对提高毛皮品质是有效的。长期的生产实践证明，在 3 月龄前实现不间断生长，对提高商品兔被毛品质、体重和皮张面积是非常有效的。这段时间，应供给富含蛋白质、含硫氨基酸的精料并供给充足的青绿饲料，合理搭配青绿精料。在精料的配制中除要求全价外，应特别加入含硫氨基酸，其含量可达到 0.6%；加入维生素 D，其含量比其他兔高，1 千克精料中含 800～1 000 国际单位维生素 D_3，以促进獭兔早期骨骼的生长发育，使其屠宰取皮时能长成足够大的体型；另外，添加油料如亚麻籽、棉籽等以增加皮毛光泽度。

此后，可适当控制其生长速度。方法有两种，一种是略微降低日粮营养水平；另一种是适当减少饲料供给量，日喂精料可减至 50 克，但必须加喂苜蓿、大豆、向日葵等蛋白饲料。前促后控的育肥技术不仅可以节省饲料，降低饲养成本，还可以提高育肥兔皮张质量，不会有多余的脂肪和结缔组织。

（3）注意换毛时期的饲养管理　獭兔换毛期间体质较弱，消化能力减低，对气候的适应能力减弱，易伤风感冒。因此，换毛期间应加强饲养管理，供给易消化、蛋白质含量较高的饲料。特别是含硫氨基酸（蛋、胱氨酸）丰富的饲料，其含量可占日粮的 0.6%，这点对被毛生长尤为有利。

（4）加强疾病防治　采用彻底的综合性疫病防治措施，加强日常科学饲养管理，控制主要疫病（尤其是代谢病和寄生虫病）的发生和流行，是提高毛皮质量的重要措施。在卫生管理上，要经常清扫兔舍、兔场，保持兔舍清洁、干燥、卫生，并定期做好消毒工作。

（5）适时取皮　根据换毛规律和体重适时取皮是提高毛皮品质的重要措施之一。通常认为，青年兔最好在第一次年龄性换毛和第二次换毛之间，5 月龄左右、体重 2.5～3 千克宰杀取皮。这个阶段的绒毛浓密，色泽光润，板质厚薄适中，取下的皮可达到一级皮面积标准，毛皮质量最佳。成年及老龄兔必须错过换毛期取皮，而以冬末春初最佳，此期绒毛足、光泽好、皮板质坚韧、优质皮比例大。

（6）注意取皮、加工和保管的方法　宜采取"先处死后剥皮，皮肉分离后再放血"的方法取皮，以使毛皮少受污损。具体操作方法：用棒击或电击致死后，再将毛皮剥制成毛朝里、皮朝外的扁平皮筒，然后用利刀沿腹中线把皮板拉开，展平在纸板上，在毛皮四周钉上小铁钉，让毛皮阴干。将阴干的毛皮毛对毛、皮对皮对叠，然后按每 10 张皮一小捆、每 50 张皮一大捆分级装入麻袋，撒上驱虫药剂，封口保存。

取皮、加工和保管过程中要注意下列问题：一是剥皮时防止刀伤皮肤而造成破洞；二是开裆要沿腹中线开正，否则会影响皮型的规范，降低皮张面积；三是皮板上的油脂要刮净，尤其是颈部要刮净，否则影响皮张的延伸率或干燥后出现塌脖的缺陷；四是干燥时创造适宜温湿度条件，最好采用吹风干燥，如用热源干燥，温度和湿度均不能太高，最适温度为 10℃左右，相对湿度在 55％～65％，否则容易造成闷板而导致掉毛；五是皮板干燥后进行正确的整理和包装，干好的皮张及时整理和包装，将兔皮毛被对毛被、皮板对皮板层层堆码，整理包装时切勿折叠，要保持皮张平整；六是在储藏过程中，定期检查，妥善保管，防止陈旧皮、烟熏皮、霉烂皮和受闷皮的发生。

124. 造成残次獭兔皮产生的原因有哪些？

獭兔生产实践中，由于多方面的原因，常生产出不少残次（或低档）獭兔皮，既影响饲养者经济效益，又造成社会资源的浪费。为此，从饲养管理到取皮保存等过程中，必须采取有效措施，降低残次兔皮比率。

（1）饲养管理不当

①伤疤皮　獭兔群养斗殴，咬破皮板，伤口感染溃烂，愈合脱痂后形成伤疤。或患脓肿，形成溃疡，伤及皮层。此类皮张制裘后多呈孔洞。

②尿黄皮　笼舍潮湿，卫生条件极差，导致臀部后躯被毛被粪尿长期污染形成棕黄色，制裘过程中染色困难，影响品质。

③癣癞皮　患有疥螨病、毛癣菌病的獭兔，被毛粗乱，缺少光泽，严重者被毛成片脱落，失去制裘价值。

（2）宰杀年龄不当

①非季节皮　是指季节性换毛尚未完成的兔皮。有的皮张整个毛稀，有的四边毛稀，有的毛高低不平，这样的皮张要等毛换完、长齐、长牢时取皮为宜。

②轻薄皮板　质菲薄，状如牛皮板，呈半透明状，抖动哗啦啦响。4月龄前后，体重 2 千克左右的青年兔，绒毛不够丰满，板质轻薄，使用价值不高。

③松针皮　换毛初期有些绒毛脱离皮板，但仍残留于毛绒中，呈小撮状露出绒面，对毛皮质量影响较大。

④龟盖皮　俗称盖皮，即王八盖皮。背部绒毛丰厚平整，腹部绒

毛空疏，形成"龟盖"状。有的背部绒毛长短不一，腹部绒毛基本一致，还有的背腹毛基本一致，但背腹毛连接处出现一圈短毛。这类皮张在检验中出现频率较高。一般只能作三级皮或等外皮处理。

④竖沟皮　在整个皮上隐隐约约有几道长短不一的竖沟，毛短或缺毛，造成整个皮张不平。发现该种皮的活兔，要等竖沟处毛长到与周围毛相齐时再杀。

⑤波纹皮　皮上可以看到有似水波的条纹，条纹处缺毛或毛短，这样的活兔皮要等波纹处毛长齐再杀。

⑥孕兔皮　是指产过仔兔的母兔，腹部毛稀疏或已经长不出来，皮张使用面积仅为背部，腹部不能用。

⑦鸡啄皮　顾名思义就是皮张上有多处像鸡啄掉一样，缺毛，多数系由活着时咬架所致，对此活兔要等缺毛处长出、长齐再取皮。

⑧黑色沉积皮　有色兔皮板面带有大片的黑色沉积区，说明毛被未发育成熟。

（3）宰杀、加工、贮存不当

①刀洞皮　在宰杀剥皮过程中技术不熟练造成破残刀伤，有的刀洞恰好在正中央，严重影响使用价值。

②偏皮　筒皮开皮时，不沿腹部中线切开，造成皮板脊背中线两边面积不等，影响利用率。

③撑板皮　采用已废弃的撑板或钉板方法，把皮张拉的很紧，撑拉过大，这样的皮张干燥后皮板薄如纸张，纤维极易破裂或折断。这样的皮张一般作残次皮处理。

④皱板皮　鲜皮晾晒时没有展平，皮板干燥后产生皱缩，特别是边缘内卷，犹如鞋底，不但影响外观，而且捆扎时皱缩处容易断裂。这种情况多为淡板（即非盐板）。

⑤虫蛀皮　保管不当发生虫蛀，轻者被毛部分脱落或呈断毛，重者皮板蛀成孔洞失去制裘价值。

⑥油浇板　板面遗有多量黏黄的脂油，犹如浇上一层油，这是由于板面脂肪过多，过夏贮存时间又长，导致脂肪酵解而致。这种板制裘时脱脂困难，且极易断裂。

⑦陈板　生皮存放时间过长，皮板发黄，失去油性，皮层纤维组

织变性，被毛枯燥失去光泽，浸水后不易回鲜，制裘后柔软度差。

⑧霉烂　贮存和运输过程中，皮张因雨淋受潮，或鲜皮因未及时晾晒，或晾晒未干而堆叠过久等，均可使皮张霉烂变质，严重影响毛皮品质。

⑨晒干皮　是指取的皮不是在阴凉处晾干，而是在阳光下曝晒，致使皮板（背面）脂肪油泛出，皮板纤维破坏，鞣制时吃不进水，这种皮一般都废弃。

⑩鼠咬皮　即存放时被鼠咬破皮板，造成绒毛掉落，严重者失去价值。

125. 怎样进行冻兔肉制品加工？

冻兔肉是我国出口的主要肉类品种之一。冷冻保存不但可阻止微生物生长、繁殖，还能促进物理、化学变化而改善肉质，所以冻兔肉具有色泽不变、品质良好的特点。

(1) 冻兔肉的生产工艺流程　原料→修整→复检→分级→预冷→过磅→包装→速冻→成品。

(2) 原料处理　獭兔取皮后进入冷冻加工厂。加工冻兔肉的原料獭兔肉必须新鲜，放血干净，经剥皮、截肢、割头、取内脏和必要的修整之后，经兽医卫生检验未发现任何危及人体健康的病原，方可进行冷冻加工。

(3) 兔肉制品分级　分级标准：我国出口的冻兔肉，主要有带骨兔肉和分割兔肉两种。

①带骨兔肉分级标准　A. 特级　每只净重 1 501 克以上；B. 一级　每只净重 1 001～1 500 克；C. 二级　每只净重 601～1 000 克；D. 三级　每只净重 400～600 克。

②分割兔肉分级标准　A. 前腿肉　自第 10 与第 11 肋骨间切断，沿脊椎骨劈成两半。B. 背腰肉　自第 10 与第 11 肋骨间向后至腰荐处切下，劈成两半。C. 后腿肉　自腰荐骨向后，沿荐椎中线劈成两半。根据不同国家的不同要求，参考出口规格，应切除脊椎骨、胸骨和颈骨。

（4）**散热冷却** 又称预冷。刚屠宰的胴体温度一般在 37℃ 左右，同时因胴体本身的"后熟"作用，在肝糖原分解时还要产生一定的热量，使胴体温度处于上升趋势，如果在室温条件下放置时间过久，由于微生物（细菌）的生长、繁殖，就会使兔肉腐败变质。所以，预冷的目的就是为了迅速排除胴体内部的热量，降低胴体深层的温度并在胴体表面形成一层干燥膜，阻止微生物的生长和繁殖，延长兔肉保存时间，减缓胴体内部的水分蒸发。

冷却间的温度最好维持在 −1～0℃，最高不宜超过 2℃，最低不得低于 −2℃，相对湿度最好控制在 85%～90%，经 2～4 小时即可进行包装入箱。

（5）**包装要求** 目前，我国出口的冻兔肉，包装要求大致如下：

①带骨或分割兔肉均应按不同级别用不同规格的塑料袋套装，外用塑料或瓦楞纸板包装箱，箱外应印刷中、外文对照字样（品名、级别、重量及出口公司等）。上海产的纸箱内径尺码是：带骨兔肉 57 厘米×32 厘米×17 厘米；分割兔肉 50 厘米×35 厘米×12 厘米。

②带骨兔肉或分割兔肉，每箱净重均为 20 千克。分割兔肉包装前应先称取 5 千克为一堆，整块的平摊，零碎的夹在中间，然后用塑料包装袋卷紧，装箱时上下各两卷成"田"字形，四卷再装入一聚乙烯薄膜袋。每箱兔肉重量相差不得超过 200 克。

③带骨兔肉装箱时应注意排列整齐、美观、紧密，两前肢尖端插入腹腔，以两侧腹肌覆盖；两后肢须弯曲使形态美观，以兔背向外，头尾交叉排列为好，尾部紧贴箱壁，头部与箱壁间留有一定空隙，以利透冷、降温。

④箱外包装袋可用塑料或铁皮，宽约 1 厘米。因铁皮包带久贮容易生锈，所以大部分冻兔加工厂目前多采用塑料包带，打包带必须洁净，不能有文字、图案、花纹，不宜采用纸带，以防速冻或搬运时破损、散落。

⑤箱外须打包带三道，即横一竖二，切勿因横面操作不便而不加包带。五分包带须用五分包扣，切忌五分包带用四分包扣，或四分包带用五分包扣，以防箱边破损，兔肉外漏。

126. 獭兔脏器、粪尿及其他副产品怎么合理利用？

（1）獭兔脏器的利用 兔的脏器食用价值很低，弃之却十分可惜，但经综合利用，其经济价值甚为可观。

①兔肝 兔肝呈红褐色，位于腹腔前部，重 40～80 克，占体重 3％左右。兔肝在医药工业上可用以制肝浸膏、肝宁片和肝注射液等。

②兔胰 兔的胰脏既是消化腺，又是内分泌腺，胰液中含有胰蛋白酶、胰脂肪酶、胰淀粉酶。利用胰脏可提取胰酶、胰岛素等。

③兔胆 用兔胆提取胆汁酸，提取率可达 3％左右，而牛、羊胆的提取率只有 0.3％，所以，兔胆是提取胆汁酸的良好原料。

④兔胃 兔胃属单室胃，位于腹腔前部，可分为贲门部、幽门部、胃底及胃体部，胃壁黏膜能分泌胃液，含有盐酸和胃蛋白酶原，在医药工业上常用兔胃提取胃膜素和胃蛋白酶等。

⑤兔肠 兔肠管长度为体长的 10 倍左右，在医药工业中可用兔肠作为提取肝素的原料。

（2）兔粪尿的利用 兔粪尿是一种优质高效的有机肥料。兔粪中含的氮、磷、钾比其他畜禽粪便都高，还含有多种微量元素和维生素。1 只成年兔 1 年大约可积肥 10 千克，10 只成年兔的排粪量相当于 1 头猪的排粪量。每 100 千克兔粪相当于硫酸铵 10.85 千克、过磷酸钙 10.90 千克、硫酸钾 1.79 千克的肥效。

兔粪尿能改良土壤团粒结构，提高土壤肥力，并具有杀虫灭菌、抗旱保墒等作用。施用兔粪尿的土壤，能减少蝼蛄、红蜘蛛、黏虫等地上和地下的害虫，在棉苗期施用稀兔粪尿能防治侵害棉苗的地老虎，用兔粪尿熏烟可杀死僵蚕菌，使蚕茧丰收。施用兔粪尿对各种作物都能起到增产作用。

兔粪尿中的尿素、氨态氮及钾、磷等都能被植物直接吸收利用，但其中未被消化吸收的蛋白质不能被植物直接利用，需经发酵腐熟后才能被吸收，所以必须对兔粪尿进行加工处理，以提高其肥效和利用率。

（3）其他副产品的利用 随着科学技术的迅速发展，兔血、兔骨、兔头、兔毛以及胎盘等重要副产品的潜在效能和特殊用途已逐渐被人们所认识，成为食品、医药和饲料工业的贵重原料。

①兔血　兔血除少数地区有食用习惯之外，全国绝大部分地区还很少利用。其实，兔血具有很高的营养价值，可加工成多种产品，供食用、药用，或作为畜禽的动物性饲料。

兔血营养丰富，蛋白质含量较高，必需氨基酸含量高，微量元素丰富，可加工成血豆腐、血肠等营养食品。兔血中可提取多种生物药物和生化试剂，如医用血清、血清抗原、凝血酶、亮氨酸、蛋白胨等。利用兔血加工成普通血粉或发酵血粉，是解决畜禽动物性饲料的有效途径之一。

②兔骨　兔的全身骨骼可区分为中轴骨和附肢骨两部分。成年兔的全身骨骼占体重的8％左右。兔骨经高温处理后，骨油可提取食用骨油或工业骨油，骨渣可提取骨粉、活性炭或过磷酸钙，骨汤则可提取工业骨胶或医用软骨素、骨浸膏或骨宁注射液等。

④兔头　兔头食用价值很低，屠宰加工时多废弃，但兔头骨是提取蛋白胨的好原料，如能开发利用，其经济价值甚为可观。

④兔毛　肉用兔的残次毛可提取胱氨酸。

⑤兔胎盘　母兔分娩时，胎盘多被母兔自食或废弃，如能及时收集，积少成多，即可加工成兔胎盘粉。

第十章　獭兔疾病综合防治措施

127. 獭兔疾病发生的常见原因有哪些?

了解獭兔生病的原因，积极采取措施，有效地预防和控制疾病发生，才能保障獭兔生产良好经济效益，并使其持续发展。为便于理解，结合獭兔生产实际，现将导致獭兔生病的主要原因归纳为以下四方面。

(1) 环境条件差　獭兔正常生长发育和繁殖需要一定的外在条件。外界环境因素，有些对獭兔有利，有些对獭兔不利，甚至有害，如污染的空气、饮水和场地，水源不足，气候骤变，炎热、潮湿、寒冷、噪声、光照不足等。这些不利或有害的因素超过一定限度时，就会使兔生病，甚至死亡。因此，要养好獭兔，就必须选择环境条件较好的地方，并通过建造适宜獭兔生产的场舍，同时进行科学的饲养管理，以改善和控制环境条件，满足獭兔生产的需要。

(2) 饲养管理不当　獭兔饲养管理的基本原则和要求，是根据獭兔的解剖生理学特征、獭兔的生物学特性以及饲料与营养学研究资料，并结合獭兔生产实践提出来的，是有一定科学依据的。随着科学研究的不断深入，认识水平的不断提高，各项饲养管理措施将不断完善。如果不懂科学，不相信科学，进行粗放饲养管理或错误的饲养管理，必将给獭兔的正常生长发育和机体健康造成损害。比如饲料品种单一、选择不当或配合不合理，易致兔营养不良或营养缺乏症；饲料突然变化，饲喂不均，饲料发霉、腐败或变质，饲料调制不当等，易引起胃肠道疾病及中毒病；饲养密度过高、拥挤，舍内通风不良等也易导致多种疾病。总之，良好的饲养管理可以消除许多致病的外界因素，同时对疾病的内因产生良性影响，否则就容易使獭兔生病。

（3）卫生防疫工作未落实　卫生防疫工作包括内容较多，涉及面较广，主要包括卫生打扫、场舍消毒、杀虫灭鼠、疫病检查、防疫注射、药物预防和病兔处理等，同时涉及场舍选址建造、种兔引进和日常饲养管理等。

卫生防疫工作对于改善和控制兔舍环境因素，预防传染病和寄生虫的发生与流行具有重要意义，对于控制其他疾病的发生也有一定作用。因为通过各项卫生防疫工作的认真实施，不仅可以使场舍清洁，空气清新；更重要的是能消除周围环境中的各种病原微生物、寄生虫卵及传播这些病原体的媒介物，或降低其危害性；同时可使机体的免疫力提高，增强其抵抗疾病发生的能力。因此，各兔场必须建立、健全各项卫生防疫制度，并认真贯彻落实。尤其是现代大规模、集约化兔养殖场，必须对此给以足够的重视。

（4）应激因素所致　应激因素广泛存在于机体内外环境之中，体内外各种因素的变化都可能成为应激因素，引起机体一定的反应。在獭兔正常生活活动中，体内外各种因素都在不停发生变化，但大多数变化比较轻微，机体已经适应了这些变化（也就是说已经习惯了），有时并不一定能够感受到这些变化，这样就不会产生应激反应。只有那些变化比较大、发生比较突然，而且持续时间比较长的因素，才能引起机体较强的应激反应，如气候突变、突然更换饲料、粗暴地捕捉、长途运送、燃放鞭炮等。处于应激状态的动物，惊慌不安，机体免疫机能抑制，抵抗力下降，从而可能导致多种疾病的发生。

128.　怎样进行獭兔疾病的快速诊断？

獭兔疾病诊断，必须在了解獭兔的解剖结构、生理与病理的基础上进行，同时它又是临诊的基础。只有在正确诊断的基础上，才能妥善治疗，合理用药，及时控制、治愈疾病或挽救病兔生命。对患急性传染病的兔来说，及早确诊尤为重要。

（1）体态检查　主要通过视诊和触诊，对病兔全身情况进行检查。重点检查营养状况、精神状态和有无异常姿势。营养状况检查，主要是用于触摸背部，如脊柱椎骨突出，表明兔体很瘦，营养不良或疾病所致。精神状态一般指兴奋，还是沉郁。而异常姿势多见于骨折、脱肛、子宫脱出、瘫痪、斜颈、皮肤脓肿等。

（2）体表及被毛检查 獭兔皮肤、被毛的异常变化是皮肤、被毛疾病或全身营养代谢疾病的一种症状。应注意皮肤的颜色、温度、弹性、湿润度是否正常，有无病损、肿胀、脱毛（指非季节性、年龄性换毛和孕期拉毛）、无毛等现象。如脚底皮肤受损时，就可见脚底肿胀、化脓、行走不便等。耳、脚部皮肤结痂，常见于疥癣。

（3）可视黏膜检查 獭兔的可视黏膜包括眼结膜、鼻腔黏膜、口腔黏膜和阴道黏膜。重点要检查的是眼结膜。健康獭兔的可视黏膜的色彩不尽相同，白色兔一般都近于粉红色。眼结膜苍白主要见于各种贫血（营养不良性、出血性、溶血性贫血）。

（4）体温检查 对獭兔体温的测定，是检查疾病的重要手段之一。测量体温时，应注意影响体温变化的经常性因素和临时性因素。前者如兔的年龄、性别、营养状况等，如一般幼年兔体温较成年兔略高，营养好的较差的稍高等。后者如当气温高时，也可使体温有所上升。测定次数要依据病情而定，一般日测 1～2 次。獭兔体温的正常值为 38.5～39.5℃，高温季节最高可达 40.5℃。

（5）口腔的采食、饮水等动作的检查 包括采食、饮水、咀嚼、吞咽四个项目。当獭兔出现采食、咀嚼、吞咽等动作异常时，应对口腔、咽喉头进行细致的检查。口腔检查主要用视、嗅方法，注意口腔的颜色、湿润度、气味、舌苔，有无外伤、流涎、溃疡，审视牙齿状态有无异常。咽喉头检查主要靠视诊和触诊，可用开口器或徒手打开口腔，病变可看得较清楚。獭兔患传染性水疱性口炎时，嘴唇、舌、口腔黏膜出现大量水疱、溃疡并流涎。

（6）胃肠道及粪便检查 可用视、听、触等方法进行。如肠臌气的患兔可看到庞大的腹围，腹部皮肤紧绷似鼓。水泻的病兔可在摇晃兔子时，听到腹内的拍水音及看到被粪污染的臀部。粪便的形状、硬度、颜色可因饲料的改变而异，但必须在正常的范围内。而各种疾病也常会引起粪便性状的改变。腹泻是肠道机能紊乱或肠道结构发生病理变化的重要表现。獭兔一旦发生腹泻，应首先考虑是否是饲料中粗纤维的含量不足引起的，其次考虑是否患魏氏梭菌病、大肠杆菌病、副伤寒、球虫病、肠胃炎等，要仔细鉴别。

（7）呼吸系统的检查 主要包括呼吸次数、方式、呼吸是否困难和均匀性等。兔的呼吸次数在适宜的环境温度和安静状态下为50～60次/分。健康兔的呼吸方式是胸腹式的，即当呼吸时，胸部和腹部都有较明显的起伏动作。当腹部有病如腹膜炎时，常会出现以胸部动作为主的胸式呼吸；当胸部有病如胸膜炎时，又常会出现以腹部动作为主的腹式呼吸。在正常情况下，健康兔的呼吸是很平和的，如发现它们的呼吸次数、方式有了不同程度的改变，出现呼吸困难，要仔细检查。当獭兔出现慢性鼻炎时，可引起上呼吸道狭窄而见吸气性困难；当患胸膜肺炎时，吸气和呼气都会发生困难。

还有鼻分泌物的检查。健康兔的鼻端是没有分泌物的，鼻端出现分泌物是有病的表现。从鼻腔、喉头、气管到肺，不论哪部分有病，所产生的分泌物都要从鼻腔排出。从鼻分泌物中常可以分离到多杀性巴氏杆菌、波氏杆菌、金黄色葡萄球菌等。

（8）心率检查 在正常和安静状态下，獭兔的心率数为80～100次/分，在剧烈运动或受惊时，心率数可产生生理性的急剧上升。非这些因素而致使心率数的减慢或加快，就意味着某部分器官出现了病理变化。

（9）泌尿、生殖器官检查 正常獭兔尿液为淡黄色、混浊状。一旦发现血尿，即可视为患有泌尿系统的疾病。如发现外生殖器的皮肤和黏膜发生水疱性炎症、结节和粉红色溃疡，则可疑为密螺旋体病；如阴囊水肿，包皮、尿道、阴唇出现丘疹，则可疑为兔痘；患李氏杆菌病时可见母兔流产，并从阴道内流出红褐色的分泌物。

（10）神经系统的检查 先看獭兔的精神状态是否正常，有无行动障碍，运动、感觉器官有无异常。患李氏杆菌病或因巴氏杆菌感染引起斜颈的獭兔，均会出现神经症状。獭兔患中毒病时，也大多有神经症状。

（11）解剖检查 当獭兔病因不明死亡时，应立即进行解剖检查，以帮助诊断。在进行尸检时，先剥去毛皮，然后沿腹中线切开，暴露内部器官。先检查胸腔内的心、肺。正常的肺呈淡粉红色；若肺呈紫色、红色斑点状或有黄色或白色区，则可能是一种病灶。如肺有较多芝麻大点状出血，则为病毒性出血症的典型症状。其次是检查腹腔。正常的肝呈酱色，质柔软有光泽；若色泽有变化或出现白色区，则是有病的表现。患肝球虫病时，即可见到肝上有黄白色小结节。消化道的检查从胃开始。胃中的毛球是由于兔吃进自身或其他兔的毛所致，称为毛球症。小肠末端有一膨大厚壁的圆小囊，开口于盲肠，盲肠内有半固态食物。盲肠末端形成一细长壁厚而色淡的蚓突，它是盲肠的阑尾。蚓突一旦变肥厚变粗，浆膜下出现许多黄色或白色小结节，可考虑是伪结核、球虫病或副伤寒等。脾脏位于胃大弯处，有系膜相连，使其紧贴胃壁，呈一扁薄长条状，色泽深褐。当感染兔瘟时呈紫色，肿大数倍。伪结核患兔常见脾脏呈紫红色，肿大数倍，有芝麻至绿豆大的灰白色结节。肾脏位于腰椎下方，正常情况下由脂肪包裹，大小如拇指状，位于脊柱两侧，呈深褐色，表面光滑。有病变的肾脏可见表面粗糙、肿大，颜色有变化或有白点、出血点。

　　在进行尸检时，应注意尸体、解剖场地和器械等的消毒，以防病原扩散。解剖结束后应对尸体进行消毒、深埋或焚毁。

129. 如何采取措施对獭兔疾病进行综合防治？

　　疾病是严重影响兔业发展的主要因素之一，在獭兔生产中因疾病导致兔死亡是普遍存在的问题。据报道，全国每年有 20% 以上的獭兔患病而死。特别是传染病，一旦发生，可在短时间内导致大批死亡，造成重大的经济损失。其他许多疾病虽经治疗可以痊愈，但仍会影响獭兔健康、生长发育及产品质量和数量，同时又增加了獭兔产品的生产成本。因此，预防和控制疾病发生是保障獭兔生产顺利进行和提高生产效益的重要措施之一。"防重于治"是预防疾病的基本方针，对于獭兔来说尤其重要。有些疾病只能靠预防，发病后要治好很困难，如兔瘟等；有的疾病治疗的经济价值不大，扑杀往往是防止疾病扩散的最佳方法。

　　(1) 重视场址选择，合理规划建设　创建獭兔养殖场，首先要考虑的问题就是在哪养、怎样养和怎么才能养好，这就涉及场址的选择、场内布局和场舍建造等具体问题。从事獭兔生产，就应根据獭兔的生活习性和生理特性，结合所在地区的气候特点与环境条件，同时考虑拟养獭兔种类和数量、饲养方式、生产强度以及投资力度等，选择、设计和建造有利于兔群健康、方便生产、符合卫生条件、便于饲养管理、有利于控制疾病、科学实用和经济耐用的兔场舍。

（2）引进优良品种，科学饲养管理　引种是养兔的开始，引进的品种是否优良和适合自己养殖，直接关系到养兔的成败和效益。獭兔品系和色型很多，各自有各自的优缺点和特性。引进獭兔时，要相互比较，权衡利弊，周密考虑。既要注重生产性能的优劣，又要了解适应能力的强弱和抗病性能的好坏，同时要结合自己现有的饲养条件和管理水平。从技术上要能识别良种獭兔，千万不要贪图一时便宜而购回低劣獭兔，尤其不要把有病的獭兔引入场内作为种用。

饲养管理是否得当，对獭兔生产有很大影响，加强科学管理是搞好獭兔保健防病工作的重要措施。不仅要提供品质优良、营养齐全、适口性好的饲料，而且要营造一个舒适、清洁、安静的兔舍环境。如果饲养管理不当，即使有良好的品种、丰富的优质饲料、适宜的场舍，也会导致饲料浪费，獭兔的生长发育不良、抗病力差，甚至引起品种退化。饲养管理失误，会导致兔群生产受阻或疫病暴发，造成重大的经济损失，因此，从一定意义上讲，养獭兔是否成功，在很大程度上取决于饲养管理水平。科学的饲养管理是增强兔体抗病力，预防疾病发生，发挥良种兔的生产潜力，提高养兔经济效益的关键技术之一。所以，必须按照獭兔饲养管理的基本原则和方法认真做好各项工作，抓好各个环节，不能有任何疏忽和大意。实践证明，要使所养兔群健康，产品优质高产，生产效益好，就必须实行科学的饲养管理。

（3）严禁从疫区和发病兔场引种购物，引进种兔时要检疫　为了防止疫病传入，只能从不存在獭兔传染病的地区引种、采购，不能从有其他可以感染獭兔的畜禽传染病的地区及饲养场引入或购进种兔、饲料和用具等，不可随意购买。对从外地采购或调入的种兔，要在离生产区较远的地方隔离饲养 1 个月以上，经本场兽医全面检查，特别要注意对兔瘟、魏氏梭菌病、密螺旋体病和球虫病的检查，确认健康无病者，经驱虫、消毒，没有预防接种的要补注疫（菌）苗后，方可进入生产区混群饲养。

（4）进入场区要消毒　在獭兔场和生产区门口及不同兔舍间设消

毒池或紫外线消毒室，存放消毒液（图 10-1）。池内消毒液要经常保持有效浓度，进场人员和车辆等须经消毒后方可入内。兔场工作人员进入生产区，应换工作服、穿工作鞋、戴工作帽，并经彻底消毒后进入，出来时脱换。出入时注意用消毒液洗手，在生产区内不能随便串岗串舍。非饲养人员未经许可不得进入兔舍。

图 10-1　獭兔养殖场大门口的消毒池

（5）场内谢绝参观，禁止其他闲杂人员和有害动物等进入场区獭兔场原则上谢绝入区进舍参观，必须参观或检查者按场内一般工作人员对待，严格遵守各项消毒规章。场外的车辆、用具不准进入生产区，出售獭兔在场区外进行，已调出的獭兔严禁再送回兔舍。种兔场种兔不准对外配种，决不能将来源不清的獭兔任意带进生产区。场区不准饲养其他畜禽，严防其他畜禽和野兔等进入生产区。兔场要做到人员、用具相对固定，不准乱拿乱用。结核病人不能在养兔场工作。

（6）搞好兔场环境卫生，定期清洁消毒兔笼、兔舍及其周围应天天打扫干净，经常保持清洁、干燥，使兔舍内温度、湿度、光照适宜，空气清新无臭味。食槽、饮水器和其他器具也应每天清洗，保持清洁，3～5 天消毒一次。每隔 1 周更换一次笼壁或对笼底进行刷洗、消毒。兔笼、产仔箱、工作服和其他用具也应定期清洗、消毒。在獭兔每次分娩和转群之前，兔舍、兔笼等均应进行消毒。兔舍每隔 1～2 个月，全场每隔半年至 1 年进行一次大扫除和消毒。清扫的粪便、杂物和其他污物等，应集中堆放于远离兔舍的地方进行焚烧、喷洒化学药物、掩埋或作生物发酵消毒处理。

消毒时特别要注意先把笼舍内粪便、毛等杂物清除。

（7）杀虫灭鼠，消灭传染媒介　蚊、蝇、虻、蝉、跳蚤、老鼠和蟑螂等是许多病原体的携带者和传播者，要设法消灭。结合场（舍）日常清扫、消毒工作，彻底清除场（舍）内外杂物、垃圾及乱草堆等，填平死水坑，使老鼠无藏身繁殖场所，防止蚊、蝇等滋生，也可选用敌百虫、敌敌畏、灭蚊净、灭害灵等杀虫剂喷洒杀虫。老鼠等鼠类在兔场极为常见，从设计建场时就应考虑防鼠措施，防止鼠类进入兔舍、仓库等。

灭鼠药种类很多，要注意选择对人、畜毒性较低的药物，并定期更换，以防药物失效、老鼠拒食或产生耐药性。另外，放置毒饵时也应注意防止兔误食中毒和人员中毒。

（8）按免疫程序进行预防接种，有效控制疫病发生　预防接种即免疫注射，是激发兔体产生坚强的特异性免疫力，以抵抗相应传染病发生，达到有效防病目的的一种手段。预防接种通常使用病毒疫苗、细菌菌苗、类毒素等生物制品作为抗原激发动物产生抗体，使之获得免疫力。根据所用生物制品的种类不同，常采用皮下、肌内或皮内注射等不同的接种途径。一般接种后经数天至10天产生有效抗体，可获得数月至1年的免疫力。为了更好地使用疫（菌）苗和有效地控制疫病的发生流行，各兔场应根据当地各种传染病的发生和流行情况及不同年龄兔对病原微生物的易感性，同时结合各种菌的免疫性能和本场实际等，拟订每年的预防、制定合理的免疫程序并在疫病流行之前认真安排实施。免疫接种可分预防接种和紧急接种两大类。

①预防接种　在平时有计划地给健康獭兔进行的免疫接种。它是预防和控制獭兔传染病的重要措施之一。预防接种常用疫苗，采用皮下或肌内注射等途径接种，接种后经一定时间（数天至数周）可获得数月至一年的免疫力。为了达到良好的免疫效果，必须注意疫苗质量（如疫苗的有效期、保存条件等）、免疫程序和方法等。

②紧急接种　在发生传染病时，为了迅速地控制疫病的流行，而对威胁区尚未发病的獭兔进行应急性的免疫接种。

所用疫（菌）苗必须是国家定点或指定的生物制品厂或相应的销售机构生产的合格疫苗。使用前要认真检查，凡有异常者不应使用。所有注射器和针头等应严格消毒，每只兔使用一支针头。疫（菌）苗注射后应立即做好记录。

(9) 加强饲料质量检查，注意饲料饮水卫生 严格按照饲养管理的原则要求和标准饲养獭兔，随时检查饲料质量和卫生状况，严禁饲喂发霉、腐败、变质、冰冻或有毒饲料，保证饮水清洁而不被污染。

严格按饲养标准供给配合饲料。在饲养中应根据獭兔不同生理阶段和不同的生产目的，满足獭兔对各种营养物质的需要。为此，必须采用多种饲草饲料，并要合理搭配。

(10) 坚持自繁自养培养健康兔群 养兔场（户）应选择抗病力强、生产性能好的父母代兔所生养的优良后代作为种兔进行自繁自养，这样既可以降低养兔成本，又可避免因购兔而带入疫病。但在自繁自养中应注意世代间隔，防止近亲繁殖和品种退化，为此可推广应用人工授精繁殖技术。

为了做好自繁自养工作，各兔场要积极创造条件，结合选种、选育工作，建立一定数量的健康兔群，作为繁殖用的核心兔群。对核心兔群的公、母兔，从幼兔时期开始就要经常定期检疫和驱虫，及时淘汰病兔和带菌（带毒、带虫）兔，使其保持相对无病和无寄生虫侵害的状态。同时要加强卫生防疫工作，保证兔群的安全与健康。

(11) 发现疾病及时诊治或扑灭 在养兔生产中，饲养管理人员要和兽医人员密切配合，结合日常饲养管理工作，注意观察獭兔的行为变化并进行必要地检查，发现异常，及早查明原因，疑为患病时，应与兽医配合进行诊治，根据情况采取相应措施，以减少不必要的损失或将损失降低至最低限度。

130. 怎样进行獭兔疾病的药物预防和驱虫?

药物预防是针对不同地区、不同兔群在不同时期常发的某些疾病，有目的地选用某些化学药物或中草药，加入到饲料或饮水中，或直接投服，对兔群进行预防和早期治疗的一种重要的防疫措施。对于预防多种疾病的发生与流行，可收到良好的效果，尤其在某些疫病流行季节之前或流行初期，选用适宜的药物进行预防，效果更为明显。

药物预防通常使用一些安全、有效、价廉的药物，如母兔产后 3

天内喂服复方新诺明、长效磺胺或土霉素，可预防乳房炎等疾病；在仔兔开食或断奶期间，用庆大霉素可预防沙门氏菌病和大肠杆菌病，减少腹泻发生；用氯苯胍或球痢灵可预防球虫病；添喂磺胺二甲基嘧啶或强力霉素可减少波氏杆菌病、巴氏杆菌病及球虫病的发生；用喹乙醇可预防巴氏杆菌病及魏氏梭菌病；平时在饲料中混入一些葱、蒜等可预防球虫病、滴虫病及其他细菌感染性疾病；春喂蒲公英，夏秋喂败酱草、马齿苋，冬喂桑叶可预防感冒；用金银花、甘草、绿豆汤可预防中毒病等。但必须注意，使用药物预防疾病，长期用药容易使病原体产生耐药性，从而影响预防效果，发病后治疗效果也差；还可能诱发维生素缺乏、慢性中毒等其他疾病。因此，应经常进行药敏试验，选择有高度敏感性的药物用于防治疾病，并注意用药量，反对将药物作为饲料添加剂长期不间断地使用。在獭兔出栏屠宰前一段时期应减少用药或不用药物，以免药物残留而影响肉品质量，危害人体健康。

獭兔的寄生虫病不仅影响兔生长，降低饲料报酬，诱发其他疾病，有的还影响兔肉品质，甚至使兔发病死亡。要消灭或控制寄生虫病，必须根据所在兔场及地区兔的寄生虫种类和不同寄生虫病的流行特点，制定综合防治措施。在生产实践中较为有效、可行的方法就是计划驱虫，它具有药物预防（消灭传染源、防止病原扩散）和治疗病兔的双重意义。因此，每年都要定期、适时驱虫，一般是在春秋两季进行2次全群普遍驱虫。目前，高效、低毒、广谱的驱虫剂种类较多，可选择使用。但选择药物时应考虑使用方便，以节省人力和物力。

丙硫咪唑是较为理想而常用的驱虫药物，它可以驱除体内线虫、绦虫、绦虫蚴及吸虫等。仔兔最易暴发球虫病，死亡率高，应重点防治，特别是在炎热多雨季节更要加强预防。

兔螨病是危害獭兔生产的又一严重寄生虫病，预防和根治该病是一大难题。因兔不耐药浴，目前只能通过定期普查，发现病兔及早治疗，用依维菌素皮下注射疗效较好。

要注意的是：①新用药物应先做小群驱虫试验，取得经验并肯定药效和安全性后，再进行全群驱虫；②使用驱虫、杀虫药物，剂量要准确；③用药后要加强护理和注意观察，及时解救出现毒副反应的病兔；④驱虫期间要加强粪便、污染物的无害化处理，防止病原扩散。

131. 獭兔生病后怎么喂药?

内服给药是最常用的一种给药方法。优点是操作比较简便，适用于多种药物的给药；缺点是药物受胃肠道内容物影响较大，药效出现较慢，吸收不完全、不规则。

(1) 经口给药

①混于饲料给药　对于适口性好、毒性较小的药物可拌于饲料中，让兔自行采食，可广泛用于兔群的预防或治疗给药；毒性较大的药物，由于个体差异，服药量难以精确计量，因此，在大批给药前应先做小量试验，以保证安全。

②口服给药　用开口器将口腔打开，将药物放在舌后，使兔顺其咽下（图 10-2）。

③饮水给药　将药物溶于水中，任其自由饮用。多用于兔群疫病预防。如药物有腐蚀性，可用陶、搪瓷器皿，不用金属饮水器。

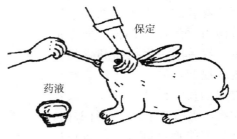

图 10-2　獭兔口服给药

(2) 注射给药

优点是药物吸收较快和较完全，显效快。但对注射液要求也较严格。常用的注射给药法有：

①肌内注射　选择獭兔的颈侧或大腿外侧肌肉丰满、无大血管和神经之处，经局部剪毛消毒后，一手按紧皮肤，另一手持注射器，中指压住针头连接部，针头垂直刺入，深度视局部肌肉厚度而定，但不应将针头全刺入，轻轻抽回注射栓，如无回血现象，将药物全部注入，针头拔出后进行局部消毒（图 10-3）。如一次量超过 10 毫升时，应分点注射。

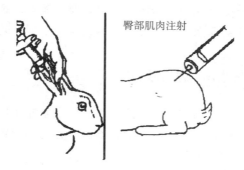

臀部肌肉注射

图 10-3　獭兔静脉和肌内注射给药

②皮下注射　选择獭兔颈背部皮肤或者腹中线两侧或腹股沟附近为注射部位，剪毛消毒，然后用一手拇指和食指将皮肤提起，另一手将针头刺进提起的皮下约 1.5 厘米，放松左手，将药液注入。刺针头时，针头不能垂直刺入，以防止进入腹腔（图 10-4）。

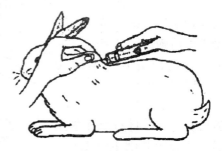

图 10-4　獭兔颈部皮下注射给药

③静脉注射　选择獭兔两耳外缘的耳静脉为注射部位，由助手固定獭兔，剪去或拔去局部的耳毛，用酒精消毒过后即可注射。如注射大量药物时，在气温低时应将注射液加温到 37℃ 左右再行注射。具体方法是：用一手拇指和中指执住耳的尖部，同时用食指在耳下作支持，另一手持注射器，将针头平行刺入耳静脉内，轻轻抽回注射栓，如有回血即表明已正确进入静脉内，再慢慢注入。注射时若发现耳壳皮下隆起小泡，或感觉注射有阻力，即表示未注入血管内，应拔出重新注射。注射完拔出针头后，即用酒精棉按住注射部位，防止血液流出（图 10-3）。

（3）外用药的使用　主要用于体表消毒和杀灭体表寄生虫。常用以下两种方式：

①洗涤　将配成适宜浓度的药物溶液清洗局部皮肤或鼻、眼、口

腔及创伤等部位。

②涂擦　将药物做成软膏或适宜剂型涂擦于皮肤或黏膜的表面。

132. 獭兔养殖场（舍）常用消毒药有哪些？怎样配制和使用？

在獭兔的饲养过程中，为预防疫病常对圈舍、用具、车辆、粪便等进行消毒，理想的消毒药应具备杀菌性能好、对兔无毒害作用、性质稳定、使用安全等特点。但消毒药都具有一定的毒性或腐蚀性，因而要严格掌握药物配制及使用方法。

(1) 漂白粉　一般配成 $10\%\sim20\%$ 的混悬液，可用于兔圈舍、食槽、运输车辆和排泄场的消毒，但不能用于金属和纺织品的消毒。饮水消毒每 100 千克水加漂白粉 0.7 克，半小时后即可使用。

(2) 石灰水　常用 $10\%\sim20\%$ 的石灰乳，即 1 千克生石灰加水 1 千克，煮成熟石灰后再加水 4～9 千克，可用于兔圈舍、用具、车辆、粪便等消毒。石灰乳中加入 $1\%\sim2\%$ 的碱水，混合均匀后使用效果更好。

(3) 百毒杀　配制成 0.03% 的浓度，可用于兔圈舍、环境、用具消毒；配制成 0.01% 的浓度，可用于兔饮水消毒。

(4) 高锰酸钾　配制成 0.01% 的浓度可用于兔饮水消毒。0.1% 的水溶液用于皮肤、黏膜创面冲洗；$2\%\sim5\%$ 的溶液用于杀死芽孢的消毒。可用于兔舍熏蒸消毒。用法为每立方米空间用福尔马林 40 毫升混合 20 克高锰酸钾熏蒸。

(5) 新洁尔灭　配制成 $0.05\%\sim0.10\%$ 的溶液，可用于兔舍和养殖人员手的消毒。0.1% 水溶液还可用于皮肤、黏膜消毒及手术器械的浸泡消毒；$0.15\%\sim2\%$ 水溶液可用于兔舍内空间的喷雾消毒。在使用中，切忌与肥皂、碘、高锰酸钾、碱等配合，否则会失去消毒效果。

(6) 过氧乙酸　杀菌作用具有快而强、抗菌谱广的特点，对细菌、病毒、霉菌和芽孢均有效。配制成 0.5% 的浓度，可用于环境、用具消毒；配制成 0.3% 的浓度，用于兔舍消毒。室内消毒为每立方米空间用 20％过氧乙酸溶液 5～15 毫升，稀释成 3％～5％溶液，加热熏蒸，室内相对湿度宜在 60％～80％，密闭门窗 1～2 小时。

（7）煤酚皂溶液（来苏儿） 配制成 0.5％的浓度，可用于兔圈舍、环境、用具的消毒；配制成 0.01％的浓度，可用于獭兔饮水消毒。

（8）氢氧化钠 杀菌作用很强，常用于病毒性感染及细菌性感染的消毒，还可用于炭疽的消毒。对寄生虫卵也有杀灭作用。配制成 2％的浓度溶液用于消毒，5％的溶液可用于炭疽的消毒。

（9）福尔马林（甲醛溶液） 为带有刺激性和挥发性的液体，内含 40％的甲醛。它能与蛋白质中氨基结合，而使蛋白质变性。有强大的杀菌力，能杀死细菌、芽孢、霉菌和病毒。对皮肤和黏膜有刺激性。蒸发较快，只有表面消毒作用。5％～10％的溶液可用于兔舍和用具的消毒。对关闭严密的兔舍可按每立方米 14 毫升的用量，加水 14 毫升，加热蒸发，或加高锰酸钾 7 克进行熏蒸消毒 4 小时。本品做成油膏，可治疗皮肤霉菌感染（黄癣）。配制方法是：将凡士林加热熔化，加 5％福尔马林振摇至半固化为止。杀死芽孢采用 10％～20％的溶液。溶液配好后立即使用，否则因其蒸发快而降低效力。

用消毒药进行消毒，一定要掌握好配制浓度，浓度过高会引起獭兔中毒，浓度过低又起不到消毒作用。这两种现象都是必须防止和避免的。

133. 獭兔养殖场进行消毒时应注意哪些问题？

（1）作用时间 消毒药在短时间内很难杀灭所有微生物，消毒时间尽可能长一些。

（2）配伍禁忌 在重复消毒时应注意化学性质不同的消毒药混合问题。由于化学性质不同而发生化学反应，会使消毒能力降低乃至消失，所以应用时应等第一次使用的消毒液干燥后再经水洗、干燥，方可使用另一种消毒药。

（3）有机物和盐类 很多消毒药与其结合而生成沉淀使其消毒力下降，因此必须用水彻底清洗干净后再消毒。

（4）温度　一般的消毒药通常是温度越高，消毒力越强，但以氯或碘为主要成分的消毒药，则在高温条件下有效成分消失，很快使消毒力下降。

134. 獭兔常用的疫苗有哪些？

獭兔生产中常用疫苗见表 10-1。

表 10-1　獭兔常用的疫苗

疫（菌）苗名称	预防的疾病	使用方法	免疫期	保存期
兔瘟灭活疫苗	兔瘟	断奶后的仔兔皮下注射 1 毫升，每兔每年注射 2 次	6 个月	1 年（2～8℃、阴暗处）
兔瘟蜂胶灭活疫苗	兔瘟	断奶后的仔兔皮下注射 1 毫升，每兔每年注射 2 次	6 个月	1 年（2～8℃、阴暗处）
兔多杀性巴氏杆菌病灭活疫苗	巴氏杆菌病	30 日龄以上的母兔皮下注射 1 毫升，每兔每年注射 2 次	6 个月	1 年（2～15℃、阴暗处）
兔波氏杆菌病灭活疫苗	波氏杆菌病	母兔配种时注射，仔兔断奶前 1 周皮下注射 1 毫升、一周后加强免疫皮下注射 2 毫升。以后每兔每年注射 2 次	6 个月	1 年（2～15℃、阴暗处）
魏氏梭菌灭活苗	魏氏梭菌性肠炎	30 日龄以上的母兔皮下注射 1 毫升，每兔每年注射 2 次	6 个月	1 年（2～8℃、阴暗处）
兔巴氏杆菌病、波氏杆菌病二联苗	巴氏杆菌、波氏杆菌	1～6 月龄的幼兔 0.5 毫升，成兔 1 毫升，皮下或者肌内注射，每兔每年注射 2 次	6 个月	1 年（2～15℃、阴暗处）
兔葡萄球菌病灭活疫苗	乳房炎、脓疱、黄尿病、脚皮炎	用量 2 毫升，用于预防哺乳母兔因葡萄球菌引起的乳房炎等，母兔配种时皮下接种 2 毫升	6 个月	1 年（2～15℃、阴暗处）

179

（续）

疫（菌）苗名称	预防的疾病	使用方法	免疫期	保存期
兔瘟巴氏杆菌病二联灭活苗	兔瘟兔巴氏杆菌病	断奶后的兔，皮下注射1毫升，每兔每年注射2次	6个月	1年（2～15℃、阴暗处）
兔瘟巴氏杆菌病魏氏梭菌病三联灭活疫苗	兔瘟、巴氏杆菌病和魏氏梭菌病（A型）	用量1毫升，用于预防兔瘟、巴氏杆菌病和魏氏梭菌病（A型）。按说明书使用	6个月	1年（2～8℃、阴暗处）
兔瘟巴氏杆菌病波氏杆菌病三联灭活疫菌	兔瘟、巴氏杆菌病、波氏杆菌病	用量2毫升，用于预防兔瘟、巴氏杆菌病和波氏杆菌病。按说明书使用	6个月	1年（2～8℃、阴暗处）

135. 各类獭兔的免疫程序是什么？

（1）仔兔、幼兔免疫程序 仔兔、幼兔免疫程序见表10-2。

表10-2 仔兔、幼兔免疫程序

日龄	给药量（毫升）	给药方法
25～28	大肠杆菌2毫升	皮下注射
30～35	巴氏杆菌和波氏杆菌二联苗2毫升	皮下注射
40～45	兔瘟苗1毫升	皮下注射
50～55	魏氏梭菌苗2毫升	皮下注射
60～65	兔瘟苗1毫升	皮下注射

（2）青年兔、成年兔免疫程序 1年2次或3次定期防疫。繁殖母兔，兔瘟苗可加倍用量，有利于幼兔获得较高水平的母体抗原。

136. 使用兔用疫（菌）苗应注意的事项有哪些？

（1）疫（菌）苗来源可靠 购买的疫（菌）苗必须是国家定点或

指定的生物制品厂或相应的销售机构，清楚标明疫（菌）苗的名称、生产日期、生产批号、保存及使用方法、生产厂家并且附有合格证。

（2）疫（菌）苗应妥善保存 一般应在 18℃以下、4℃以上避光保存。没有冰箱时可贮存于地窖水井水面上部。切勿高温和冰冻保存（如疫苗注明可冰冻保存的除外）。保存时间一般在 6 个月以内。

（3）疫（菌）苗使用前要认真检查 凡有下列情况之一者不应使用：无标签或标签不清，又不确知的疫（菌）苗；过期失效的疫（菌）苗；质量有问题的疫（菌）苗（如发霉、色变、沉淀结絮、有异物等）；瓶壁破裂或瓶塞脱落、瓶壁渗漏的疫（菌）苗；未按要求保存的疫（菌）苗等。

（4）严格消毒 所有注射器和针头等应严格消毒，每只兔使用一支针头。

（5）疫（菌）苗使用前必须摇匀，一瓶疫（菌）苗应一次用完。若没有用完而又准备在短期内使用，应抽出瓶内空气，针孔处应该用石蜡密封。

（6）注射部位应先消毒，注射剂量要准确，注射完毕拔出针头时，要用棉球闭塞针孔并轻轻挤压，以防疫苗从针孔处外流。

（7）疫（菌）苗注射后应立即做好记录。

（8）如果使用的是合格疫苗，如使用了二联或三联苗进行了免疫接种，一般不必再注射单苗了，除非确信此次免疫失败。

137. 兔疫苗接种失败的原因是什么？

由于规模化养兔场户发展迅速，兔疫苗的接种技术普及工作滞后，常出现疫苗接种失败情况。其中最明显的是兔瘟、巴氏杆菌、波氏杆菌 3 种疫苗接种的失败多，发病率高。现举例分析原因并提出改进措施。

（1）使用联苗不当 当前常见的联苗有兔瘟、巴氏杆菌、魏氏梭菌、波氏杆菌四联疫苗，兔瘟、巴氏杆菌、魏氏梭菌三联疫苗和巴氏杆菌、波氏杆菌二联疫苗。多数专家认为除巴氏杆菌、波氏杆菌二联之外，凡多联疫苗和兔瘟疫苗与其他相联的疫苗，成分都较复杂，兔

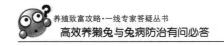

瘟疫苗的含量不够，预防效果差。

改进措施：预防兔瘟病必须使用兔瘟疫苗；预防巴氏杆菌、波氏杆菌病，必须使用巴氏杆菌、波氏杆菌二联疫苗。应当注意，兔疫苗不是联得越多越好，也不是打一针就把几种病都防好了。

（2）预防接种的时间不当　因对 3 种疾病的疫苗预防程序不了解，接种疫苗的时间不当，使其预防失败。如有的场户在仔兔开食时就打兔瘟疫苗或巴氏杆菌、波氏杆菌二联疫苗。也有的场户在幼兔的 90 日龄注射兔瘟疫苗，还有的人将巴氏杆菌、波氏杆菌疫苗与兔瘟疫苗的免疫期看作一样，甚至将兔瘟疫苗与巴氏杆菌、波氏杆菌疫苗混合接种。

改进措施：仔兔断乳后 40～45 日龄注射 1 次兔瘟疫苗，为初免；55～60 日龄注射巴氏杆菌、波氏杆菌二联疫苗；70 日龄再注射兔瘟疫苗，为加强免疫。此后 6 个月注射 1 次兔瘟疫苗，4 个月注射 1 次巴氏杆菌、波氏杆菌二联疫苗。兔瘟单苗不可与巴氏杆菌、波氏杆菌二联疫苗混合注射，必须在注射 1 种疫苗后，经过 7 天取得免疫，到第 8 天时，再注射另 1 种疫苗。兔瘟疫苗的季节性免疫期 6 个月，巴氏杆菌、波氏杆菌疫苗的免疫期限为 4 个月，接种不能逾期。

（3）接种疫苗的剂量不足　有的疫苗无瓶签，有的瓶签模糊；有的场户使用疫苗不看瓶签规定的剂量，更有的瓶签印错了剂量等，造成剂量不足而使接种失败。如有个兔场注射兔瘟疫苗每兔 0.2 毫升，注射巴、波二联疫苗每兔 1 毫升。

改进措施：兔瘟疫苗初免每兔 1 毫升，加强免疫每兔 1.5 毫升，季节性免疫每兔 1.5～2.0 毫升；巴氏杆菌、波氏杆菌二联疫苗每兔 2 毫升。

（4）接种的途径不当　十多年前，疫苗瓶签上都注明为"肌内或皮下注射"2 种。经过长期的预防接种实践，证明肌内注射对疫苗吸收快，免疫效果不到位，故后来的疫苗瓶签都注明"皮下注射"。但现在仍有人做肌内注射，或因注射技术水平差，把皮下注射打成了肌内注射。

改进措施：所有兔病防预疫苗都做皮下注射，部位应选在脖颈后的皮下，注射时朝尾部方向插针。不会打皮下注射的人，好好学习了再注射。

(5) **接种的操作技术不合格** 有的疫苗接种人员，对无菌操作意识差，曾出现这样的情况：疫苗瓶里缺少空气，不好抽疫苗时，有的人把疫苗倒在茶杯或饭碗里；兔多疫苗少，数量不够时，有人往里掺水，或用清水涮瓶子等，这都给接种带来不良后果。

改进措施：在疫苗的瓶盖上插进1个注射器针头，使空气进入瓶里，疫苗就好抽了。严格掌握注射量，疫苗不足时购买后补打，决不可掺水或减量。

第十一章　常见獭兔传染病

138. 獭兔病毒性出血症（兔瘟）有哪些症状？如何预防？

本病又叫兔病毒性出血症或兔出血热。本病发病迅速，传播快，流行广，死亡率高达95%以上，是危害养兔业最严重的疾病之一。死后主要病变为呼吸器官及实质器官出血等。

（1）病原　兔出血热病毒，形态似球形，为二十面体对称结构。能凝集人的O型、A型、B型和AB型红细胞。病毒存在于病兔的全身组织器官中，但以肝脏含毒量最高，其次是肺、脾、肾、肠道及淋巴结。病毒对磺胺类药物和抗生素不敏感，常用消毒药为1%～3%氢氧化钠溶液和20%石灰乳。

（2）流行病学　传染途径是通过呼吸道、消化道、伤口和黏膜。传播方式是易感兔与病兔以及排泄物、分泌物、毛皮、血液、内脏等接触传染，或与病毒污染过的饲料、饮水、用具、兔笼以及带毒兔等接触传染。3月龄以上的青年兔和成年兔易感性最高，哺乳仔兔有一定的抵抗力而易感性不高。一年四季均可发生，但多流行于冬、春季节。

（3）临床症状

①最急性型　自然感染的潜伏期为36～96小时，人工感染的潜伏期是12～72小时。多见于流行初期，病兔无任何前期临诊症状而突然倒地死亡，死前四肢呈划水状，抽搐、惨叫，死后呈现角弓反张姿势，少数病兔从鼻腔中流出泡沫状血液。

②急性型　精神沉郁，少食或不食，体温40.5～41.5℃，全身颤抖，呈喘息状，倒地抽搐而死。病程半至两天。有的死亡兔从鼻孔中流出泡沫状血液。大多数发生于青年兔和成年兔。临死前肛门松

弛，粪球外包有一层淡黄色胶冻样分泌物。

③慢性型　多见于流行后期或断奶不久的幼年兔，体温 40～41℃，精神不好，少食，迅速消瘦，病程 2 天以上的多可恢复，但仍排毒感染其他兔。

（4）剖检变化　主要表现为血液凝固不良，病变为喉头、气管黏膜严重出血，似红布状；气管及支气管内有泡沫状血液，肺水肿、膨胀、严重出血，或有数量不等的鲜红色及紫红色出血斑。切开肺部有大量红色泡沫状液体流出。

肝淤血肿大，肝小叶间质增宽，肝表面有淡黄色或灰白色条纹，切开后流出多量凝固不良的紫红色血液。胆囊肿大，充满黏稠胆汁。肾脏淤血肿大，呈暗紫色，表面有针尖大小的出血点，并有白色坏死区，使肾脏表面呈花斑样。心腔及附属大血管淤血，心冠状动脉有血栓，心耳出血，心肌有灰白色坏死区。脾脏淤血肿大，呈蓝紫色。胸腺水肿，并有出血点。胃内充满食糜，胃黏膜脱落，胃壁变薄易破，有少量溃疡。脑和脑膜血管淤血，有的毛细血管内形成血栓，尤其是有神经症状的兔更为明显。子宫淤血，并有数量不等的出血斑。膀胱充满尿液，膀胱黏膜有出血点或出血斑。胸膜水肿，有散在针尖大小的出血点，有的出现出血斑。性腺、输卵管淤血或出血。子宫黏膜增厚、淤血或有出血斑点，睾丸肿胀、淤血。

（5）诊断　根据临诊症状和病变可以作出初步诊断。确诊须经实验诊断，多用红细胞凝集试验和红细胞凝集抑制试验，亦可通过中和试验或接种獭兔人工发病作诊断。

（6）防治

①搞好环境卫生，严格消毒，病死兔作无害化处理　兔舍、兔笼、用具及周围环境加强消毒，每天消毒 2 次。对饲养管理用具、污染的环境、粪便等用 3‰烧碱水消毒，对被污染的饲料进行高温等无害化处理，兔毛和兔皮用福尔马林熏蒸消毒，及时隔离病兔，封锁疫点，将病死兔焚烧深埋，以切断污染源。

②紧急接种　对所有尚未发病兔采用兔瘟组织灭活疫苗进行紧急免疫接种。也可制备自家组织灭活疫苗，进行免疫预防。其过程如下：将剖检症状明显的病兔的肝、肾、脾、肺脏无菌取出，分别剔除

结缔组织后，用生理盐水清洗，于每100克含毒组织中加入事先经预热的含1.2%甲醛的无菌生理盐水溶液450毫升，置于高速的组织捣碎机（10 000～20 000转/分）中捣碎4～5分钟，取出后以3层灭菌纱布过滤于玻璃容器中，于37℃恒温培养箱中灭活48小时，每天上午、下午各均匀摆动两次，取出后再加等量的不含甲醛的无菌生理盐水，摇匀后分装于灭菌的玻璃瓶中，再于每500毫升中加入青霉素、链霉素各100万单位，摇匀。45日龄以上兔每只皮下注射1毫升，45日龄以下兔每只皮下注射0.5毫升，21天后加强免疫一次。

③及时隔离病兔，对病兔立即注射兔瘟高免血清，每只3毫升，10天后再注射兔瘟疫苗。

④配合药物疗法　对所有存栏兔全部用板蓝根注射液1～2毫升、盐酸吗啉双胍注射液1～2毫升混合肌内注射，每天一次，连用3天。

⑤做好免疫接种工作　兔瘟发病急，传播迅速，流行面广，病情严重，死亡率高又无特效治疗方法，因此应重在预防。兔群定期注射兔瘟疫苗或兔瘟与巴氏杆菌病二联苗，或兔瘟、魏氏梭菌病和巴氏杆菌病三联苗（兔三联苗），每只兔均肌内注射1毫升，5～7天后产生坚强的免疫力，免疫期可达6个月。由于本病流行有趋幼龄化倾向，仔兔宜在20～25日龄时初免，60日龄进行二免。对于发病严重的兔场，最好采用兔瘟灭活疫苗单苗在20～25日龄和60日龄进行2次免疫，效果更好。

139. 獭兔巴氏杆菌病有哪些类型？如何防治？

獭兔巴氏杆菌病是由多杀性巴氏杆菌所引起的各种兔病的总称，又称兔出血性败血症。獭兔对巴氏杆菌十分敏感，不分品种和年龄均易感，常引起大批发病和死亡。由于巴氏杆菌的毒力、感染途径以及病程长短不同，其临诊症状和病理变化也不相同。在临诊上主要有几种类型：全身性败血症、传染性鼻炎、地方性肺炎、中耳炎、结膜炎、子宫积脓、睾丸炎和脓肿等。本病的临诊症状常常在应激时出现，由于健康兔鼻内菌丛中也有巴氏杆菌存在，因此本病预防更显重要。

（1）病原　兔巴氏杆菌属多杀性巴氏杆菌，为革兰氏阳性，两端钝圆、细小、卵圆形的短杆菌。用美蓝染色呈两极染色，无芽孢及鞭毛。对外界环境因素的抵抗力不强，一般常用消毒药都能杀死。对抗生素和磺胺类药物敏感。

（2）流行病学　本病多发于春、秋两季，常呈散发或地方性流行。由于很多獭兔的鼻腔黏膜带有巴氏杆菌（一般占 35%～75%），而不表现临诊症状。因此，引进新兔时可能带入多杀性巴氏杆菌并迅速致病，常是引起流行的主要原因。长途运输、过分拥挤、饲养不当，或通风卫生条件不良等应激因素的作用，使机体抵抗力下降，存在于上呼吸道黏膜和扁桃体内的巴氏杆菌则大量繁殖，引起发病。病菌随着病兔的唾液、鼻涕、粪便以及尿等排出，从而导致新的感染以至流行。病菌经呼吸道、消化道或皮肤、黏膜伤口而感染。

（3）临床症状　兔巴氏杆菌病急性一般见不到任何症状而突然死亡，病程稍长的一般几小时至几天或更长。主要症状有以下几种：

①鼻炎型　此型是常见的一种病型，其诊断特点是有浆液性黏液或黏液脓性鼻液。鼻部的刺激常使兔用前爪擦揉外鼻孔，使该处被毛潮湿并缠结。此外病兔还常打喷嚏、咳嗽以及因鼻塞呼吸困难而发出鼾声等。这个类型的病兔，病程很长，有的常达数月至一年以上，最后多因营养不良，以致全身感染、衰竭而死亡。

②地方流行性肺炎型　最初的症状通常是食欲不振和精神沉郁，病兔肺实质病变很厉害，但可能没有呼吸困难的表现，前一天体况良好的兔，次日早晨则可能发病死亡。病兔也有食欲不振，体温升高的，有时还出现腹泻和关节肿胀等症状，最后以败血症而死亡。

③败血症型　该型可继发其他病型之后，也可在它们之前发生，以鼻炎和肺炎联合发生的败血症最为多见。病兔精神差，食欲差，呼吸急促，体温高达 41℃左右，鼻腔流出浆液型或脓性分泌物，有时也发生腹泻。临死前体温下降，四肢抽搐，病程短的 24 小时死亡，稍长的 3～5 日死亡。最急性的病兔，未见有临床症状就突然死亡。

④中耳炎型（又叫斜颈病）　单纯的中耳炎常不表现临床症状，能识别的病例中斜颈是主要的临床症状。斜颈的程度也不一致，严重的病例，兔向着头倾斜的方向翻滚，一直倾斜到抵住圈栏为止。病兔吃食、饮水困难，逐渐消瘦，直至衰竭死亡。

⑤结膜炎型　主要发生于未断奶的仔兔及少数老年兔。临床症状主要是流泪，结膜充血发红，眼帘中度肿胀，分泌物常将上下眼帘黏住。

⑥脓肿、子宫炎及睾丸炎型　脓肿可以发生在身体各处。皮下脓肿开始时，皮肤红肿、硬结，后来变为波动的脓肿。子宫发炎时，母体阴道有脓性分泌物。公兔睾丸炎可表现一侧或两侧睾丸肿大，有时触摸感到发热。

（4）剖检变化　主要表现在全身性出血、充血和坏死。鼻黏膜充血，出血；并附有黏稠的分泌物，肺严重充血、出血、水肿；有的有纤维素性胸膜炎变化；心内膜炎出血斑点；有的有纤维素附着，肝肿大、淤血、变性，并常有许多坏死小点；肠黏膜充血、出血；胸腹腔有较多淡黄色液体。

（5）诊断　根据临诊症状、病理变化和细菌学检查不难诊断本病。用心血、脾、肝或体腔渗出液等病料作细菌学检查。患鼻炎病例可从呼吸道分泌物中分离病原菌。对鼻炎病例和健康带菌的兔可采取血清学方法（凝集法）进行诊断。

（6）防治　保持兔舍内空气流通，及时打扫卫生，使舍内臭味减少到最低程度，控制饲养密度，避免应激因素，可大大减少本病的发生。为达到净化目的，可通过定期进行细菌学检查，及时隔离阳性兔，以及对兔舍、用具等进行消毒。此外，兔场应自繁自养，新引进的兔必须隔离一个月，健康者方可混群。平时加强管理，兔场严禁其他畜禽出入，以杜绝或减少传染来源。对兔群必须经常进行检查，将脓性结膜炎、中耳炎、流鼻涕、打喷嚏、鼻毛潮湿蓬乱的兔及时检出隔离饲养和治疗，最好是淘汰。预防注射疫苗可用本场自制的兔巴氏杆菌灭活苗，每兔肌内或皮下注射1毫升，7天产生免疫力，免疫期为4～6个月。由于本病有近200种菌型，用外源疫苗预防往往不能做到"对型下苗"，导致效果不理想。

病兔治疗可肌内注射氟苯尼考注射液，用量为0.2～0.4毫升/千克，每天1次，连续2次。或用氟哌酸注射液肌内注射，2次/天，每次0.5～1毫升，连续5日为1疗程。也可每只用链霉素5万～10万单位，青霉素2万～5万单位混合1次肌内注射，每天2次，连用

3 天。复方新诺明每千克体重 0.1～0.2 克口服，连用 5 天，也可用四环素、土霉素、磺胺二甲基嘧啶、长效磺胺等。必要时可将分离到的巴氏杆菌作药敏试验，选择最有效的药物治疗。

75 日龄以内的幼兔得了巴氏杆菌病往往容易并发球虫病和大肠杆菌病，青壮年兔得了巴氏杆菌病有时并发兔瘟，老年兔得了慢性巴氏杆菌病后容易并发伪结核病和囊尾蚴病。

除了治疗巴氏杆菌病以外，还要对并发症进行治疗，如并发兔瘟尚无特效药物治疗，只有进行紧急免疫和严密消毒，有条件的兔场可采用高免血清进行治疗，如是老年兔得了兔巴氏杆菌并发症最好做淘汰处理。

兔群注射巴氏杆菌疫苗后，在相对稳定的环境中，对急性和亚急性巴氏杆菌病有一定的免疫效果，但遇到外界环境突然变化（如气候突变、饲料突变、长途运输等）和来自疫区的强毒攻击时，导致免疫力下降仍然可以发生此病。巴氏杆菌疫苗对慢性巴氏杆菌病无免疫效果，如鼻炎、结膜炎、中耳炎等。

140. 如何防治獭兔魏氏梭菌性肠炎？

兔魏氏梭菌性肠炎又称兔魏氏梭菌病。本病多发生于断乳后至成年的獭兔。是由 A 型或 E 型魏氏梭菌引起的一种暴发性、发病率和致死率较高的肠毒血症。病程短，排黑色水样或带血胶冻样粪便，以盲肠浆膜出血斑和胃黏膜出血、溃疡为主要特征。

（1）病原　魏氏梭菌又称产气荚膜杆菌，为两端稍钝圆的革兰氏阳性大杆菌，厌氧，能产生荚膜和芽孢，无鞭毛。本菌能产生多种强烈的毒素。一般魏氏梭菌可分为 A、B、C、D、E、F 六型，引起獭兔的魏氏梭菌病多为 A 型，少数为 E 型。本菌广泛存在于土壤、污水、动物和人类的肠道中，芽孢抵抗力较强，在外界环境中可长期存活，一般消毒药不易杀死，福尔马林效果较好。

（2）流行病学　本病一年四季均可发生，而冬、春季节发病较多。各种年龄和不同性别都有易感性，但主要发生于断乳后的仔兔、青年兔和成年兔。传染途径主要是消化道或伤口，粪便污染在病原传播方面起主要作用。病兔和带菌兔及其排泄物，以及含有本菌的土壤和水源是本病的主要传染来源。

长途运输，饲养管理不当，青饲料短缺，粗纤维含量低，饲料突然更换，饲喂高蛋白饲料、劣质鱼粉，长期饲喂抗生素或磺胺类药物，气候骤变等，均可成为本病的诱因。

（3）临床症状 患兔精神沉郁，被毛粗乱，食欲废绝，体温39.2℃左右。患兔外观腹部膨大，从耳部提起患兔，可见有少量粪水从肛门流出。水样腹泻，其颜色呈褐色，粪便带血色，有特殊的腥臭味。患兔肛门周围和后肢、尾部被毛潮湿，被稀粪污染。患兔因剧烈腹泻而发生严重脱水，表现极度消瘦。除少数病兔突然死亡外，临诊症状多数表现为腹泻。多于一至数日内死亡。此外，也有兔群暴发水样腹泻而突然死亡的。死亡率20％～90％不等。

（4）剖检变化 剖开腹腔时，即闻到特殊腥臭味。胃内充满草料和气体，胃底黏膜有多处溃疡斑和出血斑。肠黏膜弥漫性出血，盲肠肿大，肠壁松弛，浆膜多处有鲜红出血斑，内充满气体和墨绿色内容物。小肠肿大，肠腔尤其是空肠、回肠内充满胶样液体和气体。肠系膜淋巴结水肿，肝脏质地稍脆，胆囊胀大、充盈胆汁，膀胱积有茶色尿液。

（5）诊断 根据临诊症状和病变可作出初步诊断。确诊必须经实验诊断，但比较复杂，并需要有一定的条件和设备。一般取肠内容物作涂片镜检、细菌分离与鉴定、魏氏梭菌毒素检查和抗毒素中和试验等。

（6）预防措施

①加强饲养管理 消除诱因，注意饲料合理搭配，多喂粗纤维含量高的饲料。适当减少高能量、高蛋白的饲料，以减轻家兔胃肠道的负担。更换饲料要逐步进行，防止突然增加高蛋白、高能量饲料。饲料要清洁卫生，严禁喂发霉变质的饲料，特别是劣质鱼粉。

②严格兔场防疫制度，做好消毒管理 兔场应该自繁自养，严禁从疫区引进种兔。做好消毒和隔离工作。一旦发病，立即把病兔、可疑兔、健康兔隔离观察治疗，对病兔舍和周围环境用3％的火碱彻底消毒，对金属笼用火焰喷火灯彻底逐一消毒，水槽、料槽等用0.1％

新洁尔灭浸泡、刷洗，用 1：800 二氯异氰尿酸钠粉剂带兔喷洒消毒。病死兔高温处理，粪便和垫料定点烧毁或深埋。

③定期预防接种　每兔颈部皮下注射魏氏梭菌灭活菌苗 1 毫升，免疫期 4～6 个月；仔兔断奶前 1 周进行首次免疫接种，可明显提高断奶仔兔成活率。发生疫情时，应用魏氏梭菌灭活菌苗进行紧急预防注射，或用金霉素 22 毫克拌料 1 千克喂兔，连喂 5 天，均有明显预防效果。

（7）治疗措施　由于该病发病急，病程短往往来不及治疗，在出现水样腹泻时可尽早用抗血清治疗，每千克体重 2～3 毫升，疗效较好。同时对未发病的兔用魏氏梭菌灭活菌苗 2～3 倍剂量进行紧急预防接种。抗菌药物如卡那霉素、红霉素等均可杀灭该菌，但对已产生的毒素不起作用，在治疗中仅起辅助作用。如发病速度慢，在使用抗血清后，可用红霉素或金霉素，每千克体重 20～40 毫克肌内注射，每日 2 次，连用 3 天；卡那霉素，每千克体重 20 毫克肌内注射，每日 2 次，连用 3 天。对症治疗，可腹腔注射 5％葡萄糖生理盐水，内服食母生（每兔 5～8 克）和胃蛋白酶（每兔 1～2 克）等可明显提高疗效。

141.　如何防治獭兔副伤寒？

本病又叫兔沙门氏杆菌病。特点是腹泻，母兔从阴道和子宫中流出黏液、脓性分泌物，母兔不孕和孕兔发生流产。

（1）病原　主要是沙门氏杆菌属中的鼠伤寒沙门氏杆菌和肠炎沙门氏杆菌。本菌为革兰氏阴性，具有鞭毛，不形成芽孢，卵圆形的小杆菌。在干燥环境中能活一个月以上，常用消毒药都能杀死。此类细菌对多种动物都能致病，可引起人类的食物中毒。

（2）流行病学　本菌在自然界广泛存在，常寄生于多种动物的消化道中，特别是鼠等啮齿类的粪便中。传染途径主要是消化道。饲养管理不好，卫生条件差，有鼠类存在的兔场易发生本病。幼兔和孕兔的发病率和死亡率较高。有带菌兔存在时，可因抵抗力减弱或饲养管理不良而诱发本病。

（3）临床症状　本病潜伏期3～5天，除极少数突然死亡外，其余临诊症状一般都表现为腹泻和流产。病兔体温升高，厌食，精神沉郁。腹泻如发生于幼年兔，多为急性过程，症状严重，很快死亡；而成年兔，则可能长期腹泻，最后因极度消瘦、贫血而死亡；母兔阴道黏膜红肿，并不断流出脓样分泌物；孕兔常发生流产、死胎或干胎，有较高的死亡率，康复者也不易受胎。

（4）剖检变化　病变主要发生在肠道和子宫。在盲肠和结肠、尤其是蚓突部有许多粟粒样结节和溃疡，肝脏有坏死点，孕兔子宫壁增厚，黏膜上有糠麸样黄白色纤维素附着物，子宫内有死胎或干胎。

（5）诊断　根据临诊症状和病变可作出初步诊断，确诊必须做细菌学和血清学鉴定。

（6）防治　控制本病，主要应防止易感兔与传染源接触。平时要做好兔场的卫生消毒工作，彻底消灭老鼠。一旦发生本病，应立即将病兔隔离治疗或淘汰，兔舍、兔笼、用具等彻底消毒。病兔尸体须深埋或烧毁，不得食用。接触过病兔的人也要做好自身的消毒工作。治疗本病，注射药物可用硫酸庆大霉素，每千克体重10毫克，每日2次，连用数日；硫酸卡那霉素，每千克体重20毫克，每日1次；或用链霉素，每千克体重5万～8万单位，肌内注射，每日2次，连用3天。口服药物可用琥磺噻唑（SST）和肽磺噻唑（PST），每日每千克体重0.1～0.3克，分2～3次内服。

142.　如何防治獭兔大肠杆菌病？

本病是由致病性大肠杆菌及其毒素引起的一种暴发性、死亡率很高的仔兔肠道传染病。主要特征为水样或胶样腹泻和严重脱水而引起死亡。

（1）病原　大肠埃希氏菌，革兰氏阴性菌，卵圆形或杆状，无芽孢，有鞭毛。本菌在自然界分布很广，是人类和动物肠道中的常在菌。但有些血清型如O128、O85、O86、O119、O18、O26等常引起仔兔发病，故称为致病性大肠杆菌，它们可产生毒素引起发病。本菌抵抗力不强，一般消毒药均可杀灭。

（2）流行病学　本病一年四季均可发生，以春、冬季节多发。传染途径是消化道。本病多发于初生仔兔和未断奶仔兔，也常发生于 4 月龄以下的幼年兔。本病的发生多与饲养管理不良、饲料和气候突变有关。肠道球虫和其他微生物常为诱因，并加重病情，兔群中一旦发生本病，常因场地和兔笼的污染引起大流行，致使仔兔大批死亡。

（3）临床症状　最急性病例可突然死亡而不显任何症状。而初生仔兔常呈急性过程，腹泻不明显或排黄白色水样粪便，腹部膨胀，1～2 日死亡。未断乳的兔和幼年兔可发生剧烈腹泻，排出淡黄色水样粪便，内含黏液和两端尖的粪球。病兔迅速消瘦，精神沉郁，拒食，有时腹部膨胀，体温一般正常或稍低，多于一周内死亡。

（4）剖检变化　病死兔剖检大多数可见结肠和盲肠扩张严重，有透明胶样黏液，黏膜充血，浆膜上有时有出血斑点，有的盲肠壁呈半透明，内有多量气体；少数可见盲肠、结肠内容物较硬，有胶冻样黏液，肠壁上有出血斑点；有的可见胃膨大，充满多量液体和气体，胃黏膜上有针尖状出血点；空肠、回肠肠壁薄而透明，内有半透明胶冻样气液混合物；肝脏肿大而易碎，心脏局部有小点状坏死病灶；肺充血。

（5）诊断　根据临诊症状和病变可作出初步诊断，确诊须作细菌学检查。

（6）防治　防止饲料突变、受凉等各种应激因素的刺激。獭兔发病后应隔离和消毒。病兔可用磺胺类和抗生素药物治疗，并配合补液、收敛等对症疗法。

经常发生本病的兔场，最好是先从病兔分离到大肠杆菌做药敏试验，选用敏感药物治疗。

143. 獭兔葡萄球菌病在临床上有哪些类型？如何防治？

本病是由金黄色葡萄球菌引起的，特点是在兔体表部位形成脓肿，严重时可转移到内脏器官引起脓毒败血症而死亡。临诊上常见的类型有转移性脓毒败血症、化脓性脚皮炎、乳房炎、仔兔脓毒败血症等。

（1）**病原**　金黄色葡萄球菌，呈圆形或卵圆形，在固体培养基中细菌形态呈葡萄状，为革兰氏阳性菌，抵抗力较强，在干燥脓汁中可活2～3个月。对獭兔的致病力特别强大，能产生多种毒素引起发病和死亡。本菌在自然界分布很广，空气、饲料、饮水、兔毛皮、兔舍等处均有存在。

（2）**流行病学**　本病除兔易感外，还可引起多种畜禽和人发病。其传染途径主要是经皮肤和黏膜传染，尤其是在外伤时最易发生。哺乳母兔因乳房、乳头皮肤的损伤或从乳头口进入乳房而致病。哺乳仔兔因吃了患有乳房炎母兔的乳汁而经消化道传染发病。本病无明显季节性。

外界环境不卫生，尤其是兔舍、兔笼、用具等长期不消毒，垫草不清洁；还有兔笼结构不良，如内壁不光滑、有尖锐物、兔笼底板不平整或缝隙过大等，容易造成外伤，引起发病。

（3）**症状和病变**　根据病原菌侵入的部位和继续扩散的形式不同，表现出各种不同类型，其临床症状不同，防治方法也有区别。

①转移性脓毒败血症　在獭兔头、颈、背、腿等部位的皮下或肌肉、内脏器官形成一个或几个脓肿。一般脓肿常被结缔组织包围形成囊状，手摸时感到柔软而有弹性。脓肿的大小不一，一般由豌豆至鸡蛋大。患有皮下脓肿的病兔，一般精神和食欲不受影响。内脏器官形成脓肿时，患部器官的生理机能受到影响。皮下脓肿经1～2个月后可能自行破裂，流出浓稠、乳白色酪状或乳油样的脓液。脓肿破溃后，伤口经久不愈。由伤口流出的脓液污染并刺激皮肤，引起家兔的瘙痒而损伤皮肤，脓液中的葡萄球菌又侵入抓伤处，或通过血流转移到别的部位形成新的脓肿。当脓肿向内破口时，即发生全身性感染，呈现脓毒血症，病兔迅速死亡。

②化脓性脚皮炎　本病绝大多数发生于后肢脚掌心。病初患部表皮充血、发红、稍肿胀和部分脱毛，继而出现脓肿，形成大小不一、经久不愈的出血性溃疡面和褐色脓性结痂皮，并不断排出脓液。病兔食欲日益减少，精神委顿，消瘦，弓背，脚不愿移动，很小心地换脚休息，跛行。患脚常作动弹的动作。脓灶不断扩大并往上移动，最后衰竭死亡。有些病例发生全身性感染，呈败血病症状，病兔很快

死亡。

③乳房炎　病初期乳房皮肤局部红肿，皮肤敏感，皮温升高，继而患部皮肤呈蓝紫色，并迅速蔓延至所有乳区和腹部皮肤。此时，患兔体温升高至40℃以上，精神委顿，食欲下降或停食，饮水量增加，一般于发病后2～3天内因败血症而死亡。

④外生殖器官炎症　母兔的阴户周围和阴道溃烂，形成一片溃疡面，形状如花椰菜样。溃疡表面呈深红色，易出血，部分呈棕色结痂。有少量淡黄色黏液和脓性分泌物；另一种阴户周围和阴道有大小不一的脓肿，从阴道内可挤出黄白色黏稠脓液。患病兔的包皮有小脓肿、溃烂或棕色结痂。

⑤仔兔脓毒败血症　仔兔出生后2～6天，在多处皮肤尤其是腹部、胸部、颈、颌下和腿部内侧的皮肤引起炎症。这些部位的表皮上出现粟粒大、白色的脓疱，多数病例于2～5天内呈败血症死亡。较大的乳兔（一般10～21日龄）患病，可在上述部位皮肤上出现黄豆至蚕豆大、白色脓疱，高出于表皮，病程较长，最后消瘦死亡。幸免不死的患兔，脓疱慢慢变干、消失而痊愈。

⑥乳兔急性肠炎　病兔以急性肠炎为主要症状。一般同窝仔兔全部发生，仔兔肛门四周被毛和后肢被毛潮湿、腥臭，患兔昏睡，停止吮乳，全身发软，病程2～3天，死亡率高。

（4）诊断　根据临诊症状和死后变化，主要是体表和内脏器官形成脓肿，可作出初步诊断。必要时，可进行细菌学检查。

（5）防治

①保持兔笼和运动场的清洁卫生，清除一切锋利的物体，如钉子、铁丝网的尖端、碎木屑等，避免笼舍破损，不使铁丝锐物损伤皮肤，注意新生仔兔断脐的消毒，防止兔体外伤。笼饲时避免拥挤，并把喜欢咬斗的仔兔由兔群内分出单独喂养。哺乳母兔笼内要铺上柔软、干燥、清洁的垫草，以免新生仔兔的皮肤擦伤。

②要仔细观察母兔的乳汁是否充足，如果乳汁过少，乳头就容易被仔兔咬破，葡萄球菌便可乘机侵入。若母兔乳汁不足时，可适当增加优质饲料和多汁饲料，或调剂部分仔兔让其他母兔哺喂。如果乳汁很多，而仔兔又不能充分吸吮，则乳房就会膨胀，乳头管就会扩大，

葡萄球菌也容易侵入。这样可在产仔前后适当减少精料，以防产后几天内乳汁过多，或寄养一些仔兔充分吸吮。如有乳房炎时，用0.3%过氧化氢溶液对乳房进行清洗和灌注，青霉素80万单位、链霉素0.1克肌内注射，1次/天，连用2～3天。

③发现兔体外伤要及时治疗，首选的外用消毒药是0.3%的过氧化氢溶液，或碘酊、龙胆紫酒精溶液，也可用抗生素软膏局部涂擦；若全身治疗时，可用磺胺类药或抗生素。对耐青霉素金黄色葡萄球菌的感染，应选用苯甲异噁唑青霉素钠肌内注射，每千克体重12毫克，2次/天；乙氧萘青霉素钠肌内注射，每千克体重20毫克，2次/天。对金黄色葡萄球菌用药，也可以用氧氟沙星肌内注射，用量为每千克体重5毫克，连用3～5天。

144. 如何防治獭兔支气管败血波氏杆菌病？

本病是由波氏杆菌引起的一种最常见的和广泛传播的传染病。以慢性鼻炎、咽炎和支气管肺炎为特征。本病常与巴氏杆菌、葡萄球菌混合感染。成年兔多为散发性支气管肺炎型，仔兔与青年兔多为急性支气管败血型。

（1）病原 支气管败血波氏杆菌，革兰氏阴性，形态多种，美蓝染色常呈二极浓染，有鞭毛，不形成芽孢，严格嗜氧菌。本菌的抵抗力不强，一般消毒药物均可杀灭。

（2）流行病学 本菌常寄生在獭兔呼吸道、病兔的鼻腔和分泌物中，以及病变器官中。本菌除兔易感外，还可引起豚鼠、犬、猫、猪等发病。传染途径主要是通过呼吸道。本病常发生于气候易变的春、秋季节。因本菌常寄生在獭兔的呼吸道中，故在感冒、运输、尤其是通风不良时抵抗力降低，可诱发本病。

（3）症状和病变

①鼻炎型 最常见型。多呈地方流行性。从鼻孔流出浆液性或黏液性鼻漏，鼻腔黏膜充血，并附有浆液和黏液，病程较短，易康复。

②支气管肺炎型 呈慢性散发。病兔鼻孔流出黏液和脓性分泌物，长期不愈，鼻孔如形成堵塞性痂皮，则可引起呼吸困难。患兔食

欲不好，逐渐消瘦，经 1～2 个月死亡。病变时气管和支气管黏膜充血，含泡沫状黏液或少量稀脓液，肺部有大小不一、数量不等的脓肿，脓肿内为黏稠脓汁，外有厚而有弹性的包膜。此外，还可发生心包炎、胸膜炎等，有时肝脏亦形成大小不等的脓疱。

（4）诊断　根据临诊症状和死后变化，特别是肺脏的脓肿可作出初步诊断。细菌学检查：取肺脓肿的脓液直接涂片，美蓝染色见多形态、二极浓染小杆菌。必要时进行细菌培养、生化反应、动物接种。

（5）防治　平时保持兔舍适宜的温度、湿度和通风等。最好能自繁自养。如引进种兔时，需隔离观察一个月。发现流鼻涕等可疑兔应立即检出，给予治疗或淘汰。对于鼻炎型病兔，可用磺胺类药物和抗生素治疗。对于支气管肺炎型（特别是肺部已形成脓肿时）病兔，因疗效不显，故应及时淘汰，并做好消毒等工作。

145. 如何防治獭兔肺炎球菌病和溶血性链球菌病混合感染？

由肺炎双球菌和溶血性链球菌所引起的两种呼吸道传染病，在临诊症状和病变以及防治等方面，十分相似，较难区别，因此将这两种病放在一起介绍。

（1）病原　肺炎双球菌（或称肺炎链球菌）和溶血性链球菌均属于链球菌属，革兰氏阳性，呈双球状或链状，无鞭毛，不形成芽孢。肺炎双球菌在兔体内的荚膜明显。抵抗力不强，一般消毒药均可杀死。

（2）流行病学　本病除兔易感外，还可使人和多种动物发病，传染途径是通过消化道。病菌在自然界广泛存在，并常寄生在兔和其他动物的呼吸道内，当兔受到如拥挤、受凉、长途运输或通风不良应激时，引起机体抵抗力下降，均可诱发本病。

（3）临床症状　病兔体温升高，精神沉郁，厌食，呼吸困难，咳嗽，流涕，结膜发绀，有时发生腹泻，多于 1～4 日内死亡。

（4）剖检变化　病变是肺部有水肿、出血、炎症；胸膜和心包有纤维素性渗出物，并常与肺发生粘连；肝、肾肿大，有脂肪变性；脾肿大；有时有出血性肠炎；死于急性败血症者还可见到皮下组织浆膜性、出血性浸润等。

（5）诊断 根据临诊症状和病变作出初步诊断，再经细菌学检查进行确诊。

（6）防治 平时注意防止病原菌的传入和受凉感冒等发病诱因的发生。发现病兔要迅速隔离、消毒。治疗可用磺胺类药物和抗生素。

146. 如何防治獭兔泰泽氏病？

本病是一种以严重腹泻、脱水和迅速死亡为特征的急性传染病，发病率和死亡率较高。

（1）病原 毛样芽孢杆菌，细长，多形态，革兰氏阴性，有运动性，能形成芽孢，不能在普通培养基上生长，仅能在活细胞和鸡胚卵黄囊内生长繁殖。

（2）流行病学 本病除兔易感外，大、小鼠，仓鼠，犬，猫等多种动物均可感染。传染途径主要是通过消化道。1～3月龄的兔最易发病，但断奶前的仔兔和成年兔也可发病。过热、拥挤、营养不良等降低兔抵抗力的一些诱因，可引起本病的发生和流行。

（3）症状和病变 患兔突然发生剧烈水样腹泻，后肢沾有粪便，精神沉郁，不吃，迅速脱水，于1～2天内死亡。少数耐过急性期的病兔，表现食欲不振，生长停滞。病变为尸体脱水，盲肠和结肠的浆膜面有出血，肠壁水肿增厚，肠内容物呈褐色，水样，有恶臭，盲肠黏膜充血、坏死或有由坏死组织形成的颗粒状斑块，外面覆以由饲料、坏死碎屑和纤维、蛋白组成的伪膜；在一些慢性病例，有些肠管可因纤维化而发生狭窄，肝脏有灰白色坏死灶，心肌有条纹状或点状坏死灶。

（4）诊断 根据本病特征可作出初步诊断。取病料进行细菌学检验可确诊。

（5）防治 目前对本病尚无有效治疗方法，只能采取一般性的防疫措施。注意搞好饲养管理、清洁卫生，并消除一些应激因素，在发生应激后及时使用抗生素和防止病菌扩散。

147. 如何防治獭兔梅毒病?

本病是由密螺旋体引起成年兔的一种慢性传染病。通过交配经生殖道而传播，一般不引起死亡，但可使母兔受胎率、产仔数和仔兔成活率下降。特点是病兔外生殖器官的皮肤和黏膜发生炎症、结节和溃疡，严重时可传至头部、爪部等处。

（1）病原　兔密螺旋体，呈纤细的螺旋状构造，通常用姬姆萨或石炭酸复红染色。它主要存在于病兔的外生殖器官及其他病灶中，目前尚不能用人工培养基培养。暗视野检查可见到旋转运动。螺旋体的致病力不强，一般只引起獭兔的局部病变。常用的消毒药是3%来苏儿溶液、1%～2%氢氧化钠溶液。

（2）流行病学　传染途径主要是通过交配经生殖道，少数病兔还可通过受损的皮肤感染。发病兔绝大多数是成年兔。本病虽不引起死亡，但发病后如不采取措施，则会很快蔓延，造成兔群受胎率下降。病兔病愈后免疫力弱，仍可再次感染。散养兔的发病率较笼养兔高。

（3）症状和病变　本病潜伏期2～10周，开始可见公兔的龟头、包皮和阴囊皮肤上，母兔阴户边缘和肛门周围黏膜发红、肿胀，形成粟粒大小的结节，以后在肿胀和结节的表面有渗出物而变为湿润，形成红紫色、棕色屑状结痂。当痂皮剥落时，露出溃疡面，创面湿润，边缘不整齐，易出血，溃疡周围常有或轻或重的水肿浸润。此外，公兔阴囊水肿，皮肤呈糠麸样，龟头肿大。本病进程缓慢，病灶能较长时间存在，因一般无全身症状，常被忽略而使疫情扩大。

（4）诊断　根据临诊症状可作出初步诊断。采取病兔病变部位渗出液作涂片镜检是确诊本病的主要方法。

（5）防治　严防引进病兔。引进种兔前，做好生殖器官的检查。配种前要检查一下公、母兔的生殖器官。发病兔场应停止配种，检出病兔或可疑兔，隔离饲养和治疗，淘汰无饲养价值病兔，做好兔场的消毒工作。早期治疗可用新胂凡纳明（914），每千克体重40～60毫克，以灭菌蒸馏水配成5%溶液，耳静脉注射，必要时1～2周后重复用药1次；或青霉素，每次5万～10万单位，肌内注射，1日2～

3次，连用数日。914和青霉素合用效果更好。也可用10%次柳酸铋油剂，每千克体重0.8毫升，肌内注射，一般1～2次可治愈。局部病灶可用碘甘油或青霉素软膏涂擦。

148. 如何防治獭兔传染性水疱性口炎？

本病为一种病毒性、急性传染病。其特征为口腔黏膜发生水疱和伴有大量流涎，故又称"流涎病"。其发病率和死亡率都较高。

(1) 病原 传染性水疱性口炎病毒，主要存在于病兔口腔黏膜坏死组织和唾液中。病毒对低温抵抗力强，在4℃可存活30天，但对热敏感，在60℃温度下以及直接阳光照射下会很快死亡。

(2) 流行病学 主要是兔采食被本病毒污染的饲草料和饮水，病毒通过口腔黏膜、舌和唇而感染。吸血昆虫的叮咬也可传播本病。本病主要危害1～3月龄的幼年兔，最常见的是断奶后1～2周龄的仔兔，多发生于春、秋两季。当饲养管理不当，给予粗硬、芒刺过多、霉烂不洁饲料而引起，机体抵抗力下降和口腔黏膜损伤时，更易感染本病。

(3) 症状和病变 发病初期，口腔黏膜呈现潮红、充血，随后在嘴唇、舌和口腔其他部位的黏膜上出现粟粒至扁豆大的水疱，内充满液体，水疱破溃后常继发细菌感染，形成烂斑和小溃疡。病兔因口腔病变物的刺激，不断有大量唾液从口角流出，引起嘴、脸、颈、胸等处被毛和前爪被唾液沾湿。由于大量唾液的流失使病兔严重失水，口腔病变引起采食困难，消化不良，腹泻。病兔日渐瘦弱，经5～10天死亡，死亡率可达50%以上。病兔尸体常十分消瘦，口腔、舌、唇等处黏膜有水疱、糜烂和溃疡，咽和喉头有泡沫样口水聚集，唾液腺红肿，胃内常有黏液，肠黏膜有卡他性炎症，尤以小肠黏膜为甚。

(4) 诊断 根据临诊症状和病变一般可作出诊断。用水疱液和水疱皮接种易感仔兔，可出现口腔病变，接种鸡胚或组织细胞可引起鸡胚死亡或细胞病变。

(5) 防治 平时要防止口腔发生外伤，给獭兔饲喂柔软易消化的饲料。发现病兔要立即隔离饲养，并进行环境、用具消毒。口腔等处的病变，可用一般防腐消毒药治疗，如2%硼酸溶液、0.1%高锰酸钾盐水等冲洗口腔，然后涂以碘甘油或磺胺软膏等。为防止口腔黏膜继发细菌感染，特别是体温升高的病兔可用磺胺类和抗生素治疗。

149. 如何防治獭兔传染性鼻炎？

兔传染性鼻炎是巴氏杆菌和波氏杆菌等多种病原混合感染而引起的一种接触性传染病。该病为一种发病率高和复发率高的慢性疾病，以流浆液性、黏液性或黏脓性鼻液为特征。

（1）预防

①加强饲养管理　保证兔舍光线充足、空气新鲜。兔舍四周应建通风良好的网栏，舍间间隔应保持在4～6米。冬季寒冷时要设置通风换气设施；炎热季节要及时清除粪便，减少有害气体的产生。同时，要定期消毒，降低病原菌和尘埃数量。

②注意观察　饲养时，要注意观察兔群的变化，如有异常，要早发现、早隔离、早治疗。病情严重者或久治不愈者应坚决淘汰。

③不滥用药物　兔的饲料中不宜长期使用抗生素或磺胺类药物。治疗兔病的药物应严格按照说明书使用，不能随意加大剂量，以免兔体产生耐药性。

（2）治疗　用剪刀将病兔鼻腔周围的被毛及两前肢内侧的不洁被毛剪去，以医用酒精消毒后，用棉签蘸抗生素药水（青霉素和链霉素各80万单位，用纯水10毫升稀释）或鼻炎净将病兔鼻腔分泌物洗净，最后用该药水滴鼻，每侧鼻孔滴3～4滴，每天滴3次，连用3～5天。

严重者先用卡那霉素肌内注射，每天2次，每千克体重10毫克；用3天后，换成青链霉素肌内注射，青霉素用量为8万单位/千克，链霉素59毫克/千克，每天1～2次，连用3天。在症状减轻后用兔巴氏杆菌波氏杆菌病二联灭活疫苗或波氏杆菌灭活疫苗免疫注射，每只兔皮下注射2毫升。

150. 如何防治獭兔轮状病毒病?

(1) **病原**　兔轮状病毒，在体外具有较强的抵抗力，是幼兔腹泻的主要病原之一。

(2) **流行病学**　主要发生于2~6周龄的仔兔，尤其是刚断奶的仔兔，症状也较严重，发病率和死亡率最高。成年兔一般呈隐性感染而带毒。自然感染途径主要为消化道。病兔或带毒兔的排泄物含有大量病毒，当健康兔因食入被污染的饲料、饮水或哺乳而感染。在兔群中常呈突然暴发，传播迅速。

(3) **症状和病变**　突然发病，水样腹泻，粪便呈淡黄色含黏液，患兔昏睡，食欲大减，或拒食，兔的会阴和后肢的被毛都沾有粪便。发病后72小时内死亡，死亡率可达60%~80%。小肠有充血，有的肠黏膜有大小不等的出血斑，盲肠扩张，内含大量液体内容物。

(4) **诊断**　采取病兔小肠后段的肠内容物经过实验室检查可以确诊本病。

(5) **防治**　本病目前尚无疫苗进行预防。健康兔群防止本病，主要应该严禁从有本病流行的兔场引种。一旦发生本病，应立即隔离消毒，病死兔和排泄物及污物经消毒后作深埋处理。

151. 如何防治獭兔皮肤霉菌病?

本病是由致病性皮肤霉菌引起的一种皮肤传染病。特点是在患兔体表，特别是头部、颈部和腿部的皮肤，发生炎症和脱毛。

(1) **病原**　主要是须发癣菌和许兰氏发癣菌，由菌丝和孢子两部分组成。最适培养温度为25~28℃，通常由沙堡弱培养基加入抗生素培养。本菌抵抗力较强，干燥环境中可存活3~4年，煮沸1小时方可杀死。常用消毒药品为5%碱水及3%福尔马林溶液。

(2) **流行病学**　主要通过与病兔直接接触，以及通过被病兔污染的笼具、饮水和饲料等而感染本病。以散发为主，偶尔有群发。幼年兔较成年兔易发，且症状重。多发生在饲养管理差和卫生条件不好的兔场。本病易感动物除兔外，还可感染牛、猪、马等家畜和人。

当舍内潮湿、污秽、兔笼卫生差，通风采光不良以及高温、高湿的环境均可造成本病的发生。

（3）症状　由须发癣菌致病的潜伏期 8～14 天。常引起头部的嘴、眼周围及颈部、脚部皮肤病变，也可发生于其他部位。患部首先脱毛和被毛的断折脱落而出现秃斑，以后在秃斑处出现小泡，破溃后形成灰白色痂皮。病兔通常不出现全身症状，但严重时逐渐消瘦，病程很长。由许兰氏发癣菌致病的潜伏期 3～12 天。多发生在如耳郭、鼻子、眼周围、爪等皮肤毛少处。起初生成灰色小泡，后呈灰白色。病灶扩大，逐渐形成直径约 1 厘米、边缘突起的圆盘状硬痂，绒毛脱落。去掉痂皮后，可见充血而湿润的乳头层。病程缓慢，数日或更长，患兔常可自愈。

（4）诊断　根据临诊症状可作出初步诊断。确诊需找到病菌，用钝刀刮取皮肤患处，刮到真皮，取其碎屑，置载玻片上，滴加 1～2 滴 10％氢氧化钾溶液，置酒精灯上微加热，加盖玻片，于显微镜下观察，可看到霉菌孢子和菌丝体。

（5）防治　发现病兔要立即隔离或淘汰，谨防扩散病原和传染给人。兔舍、兔笼及用具要彻底消毒。治疗时，先以消毒药水冲洗患部，去掉痂皮后，给予 10％碘酊或来苏儿涂擦，也可涂以灰黄霉素软膏。口服灰黄霉素剂量，每千克体重 25 毫克，分 3～4 次服用，连用 1～2 周。

第十二章　常见獭兔寄生虫病

152. 獭兔球虫病在临床上有哪些类型？如何防治？

兔球虫病是常见而危害严重的一种疾病。患兔极易继发其他传染病。幼龄患兔生长发育受阻，严重时死亡率高达 80％左右。依据球虫种类和寄生部位的不同，可分为肝球虫病和肠球虫病两种，但以混合感染最为常见。

（1）流行病学　各品种、各年龄兔都有易感性。成年兔对球虫的感染强度较低，往往不表现症状，但成为传染源；幼年兔、尤其是断乳至 2 月龄的幼年兔最易受到感染，死亡率也高。成年兔、尤其是母兔与幼年兔的球虫病关系很大。鼠类和蝇类也可因机械地搬运卵囊而散播病原。被兔粪污染的饲料、饮水、兔笼等，都可成为传染源。兔由于经口吞食成熟卵囊而引起感染，当受到应激时，如断奶、变换饲料、营养不良、环境卫生差等，常引起本病的发生和传播。温暖、潮湿、多雨的季节（尤其是梅雨季节）易流行。兔球虫卵囊在相对湿度为 55％～90％、温度为 20～30℃（在此合适的温、湿度内，温、湿度越高，卵囊成熟越快）、有充分氧的外界环境中，经 1～3 天发育成熟而具有感染性。卵囊对化学药品和低温的抵抗力较强。大多数卵囊可在室外越冬，但在干燥和高温条件下易死亡；如在 80℃热水中经 10 秒钟或在沸水中均被杀死。紫外线对各个发育阶段的球虫都有很强的杀灭作用。

（2）症状和病变　按病程长短和强度可分为：最急性型（病程 3～6 天，獭兔常死亡）、急性型（病程 1～3 周）、慢性型（病程 1～3 个月）。

按球虫的种类和寄生部位不同，可分为肠型、肝型及混合型三类，临诊所见多为混合型。

①肠型 多发生于20~60日龄的小兔，多表现为急性症状。因致病球虫种类而异，可在小肠和大肠发现病变。肠壁血管充血，肠黏膜充血并有点状溢血。小肠内充满气体和大量黏液，有时肠黏膜覆盖有微红色黏液。慢性病例的肠黏膜呈淡灰色，肠黏膜上（尤其是盲肠蚓突部）有许多小而硬的白色结节（内含大量卵囊），有时可见化脓性坏死灶。主要表现为不同程度的腹泻，从间歇性腹泻至混有黏液和血液的大量水泻，常因脱水、中毒及继发细菌感染而死。

②肝型 多发于30~90日龄的小兔，多为慢性病程。患兔表现厌食、虚弱，腹泻（尤其在病后期出现）或便秘，肝常肿大，肝表面及实质内有白色或淡黄色粟粒大至豌豆大的结节性病灶，沿胆小管分布，取结节病灶压片镜检，可见到不同发育阶段的球虫，但有陈旧病灶，其内容物已转变成粉样钙化物。慢性病例的，胆管和小叶间部分结缔组织增生而引起肝细胞萎缩和肝体积缩小，胆囊胀大，胆汁浓稠色暗。有时腹腔充满稀薄带有血色的液体。由于肝肿大造成腹围增大和下垂，触诊肝区疼痛，眼球发紫，结膜黄染，幼兔往往出现神经症状（痉挛或麻痹），除幼兔严重感染外，很少死亡。

③混合型 病程初期精神萎靡，食欲降低，继而废绝，时常伏卧，虚弱消瘦。眼鼻分泌物及唾液分泌增多。腹泻或腹泻与便秘交替出现，患兔尿频或常呈排尿姿势，腹围增大，肝区触诊疼痛。结膜苍白，有时黄染。有的患兔呈神经症状，尤其是幼兔，痉挛或麻痹，往往因极度衰竭而死。多数病例则在肠炎症状下4~8天死亡，死亡率可达90%以上。

（3）诊断 根据流行病学、临诊症状、病变和粪便检查结果进行确诊。检查粪便中的球虫卵囊，用饱和盐水漂浮法或以肠黏膜刮取物、肝脏病灶部刮取物以及胆汁等制作涂片，镜检可发现大量的卵囊、裂殖体和裂殖子等。

（4）防治 预防可采取下列措施：①兔场及兔舍要保持清洁干燥。②建立卫生消毒制度，定期对笼具消毒，病死兔应深埋或烧毁，饲料和饮水应是未被污染的。③新引进的种兔要隔离饲养，检查确无球虫病后方可混群；留作种用的兔也应经检查有无球虫病。④因为幼年兔很容易感染，幼年兔和成年兔应分笼饲养，断乳后的仔兔要与母兔隔离。⑤注意饲料的全价性，增强抵抗力。⑥杀球灵（溴化度米芬）按 1 毫克/千克混入饲料，连用 1～2 个月，可预防兔球虫病。莫能菌素按 40 毫克/千克混饲，连用 1～2 个月，可预防兔球虫病。盐霉素按 50 毫克/升混饲，连用 1～2 个月，可预防兔球虫病。平时还可喂些韭菜、大蒜、球葱等，亦可起到一定的预防作用。

由于球虫对药物易产生抗药性，治疗球虫病需将下列几种药物交替或联合使用，这样效果较好。

①磺胺六甲氧嘧啶按 0.1％浓度混入饲料中，连用 3～5 天，隔 1 周再用一个疗程。

②磺胺二甲基嘧啶与三甲氧苄氨嘧啶按 5：1 混合后，以 0.02％浓度混入饲料中，连用 3～5 天，停 1 周后，再用 1 个疗程。

③100 毫克/千克克球粉（氯羟吡啶）和 8.35 毫克/千克的苄喹硫酯合剂混饲效果好。

④敌菌净，每千克体重 30 毫克，连用 3～7 天。

⑤兔球灵，每千克饲料中加 5 000 毫克，让兔自由采食，连喂 2～3 周。

球虫极易产生耐药性，防治球虫病的药最好不要长期单独使用某一种，应经常更换或 1～2 种药物交替使用，药物剂量要足，搅拌要均匀，按规定进行，疗程不足会影响治疗效果或产生耐药性。

153. 如何对獭兔螨病进行防治？

本病是由螨寄生在皮肤而引起的一种接触性传染的慢性皮肤病。特征是剧痒、脱毛、结痂。本病传播迅速，如不及时隔离治疗，会蔓延至整个兔群，病兔会慢慢消瘦、虚弱而死。即使不死，对毛皮质量也有很大影响。

（1）病原 常见的螨有 4 种：疥螨科中的兔疥螨和兔背肛螨，痒螨科中的兔痒螨和兔足螨。兔疥螨和兔背肛螨咬破表皮，钻至皮下挖掘隧道，吞食细胞和体液。雌、雄螨交配后产卵，一雌螨可产卵20～40 个，从卵至成虫全部发育时间为 14～21 天。雌虫产卵后生存 21～

35 天，雄虫生存 35～42 天，交配后死亡。兔痒螨寄生于皮肤表面，雌、雄螨交配后产卵，一雌螨产卵约 60 个，从卵至成虫全部发育时间为 17～20 天。兔足螨多寄生于兔皮肤上，采食脱落的上皮细胞，全部发育时间为 90～100 天。

（2）流行病学　本病以直接或间接接触方式感染，具有高度的传染性，对兔危害严重。在秋、冬季节多雨天气，笼舍阴暗潮湿，兔体绒毛增生，气温下降，湿度增高，有利于螨繁殖、蔓延使本病发生加重。

（3）症状　兔疥螨和兔背肛螨寄生于头部和掌部无毛或毛较短的部位，如嘴、上唇、鼻孔及眼睛周围，在这些部位的真皮层挖掘隧道，吸食体液，其代谢产生的许多有毒物质，刺激神经末梢引起痒感。病兔擦痒使皮肤发炎，以致皮肤表面发生疱疹、结痂、脱毛，皮肤增厚、龟裂等一系列病变。此外，螨的毒素可引起代谢紊乱，使病兔消瘦、贫血，甚至死亡。兔痒螨主要侵害耳，起先耳根部发红肿胀，后蔓延到外耳道，引起外耳道炎。耳内渗出物干燥成黄色痂皮，如纸卷塞满耳道，兔耳变重下垂，发痒或化脓。兔足螨常在头部皮肤、外耳道及脚掌下面寄生，传播较慢，易于治疗。

（4）诊断　根据临诊症状即可作出初步诊断。确诊需进一步找到病原，刮取病料，用放大镜或显微镜观察有无虫体。

（5）防治　预防本病，首先要保持笼舍清洁卫生，定期消毒。其次要控制传染源，引进兔时要严格检查，在兔群中发现病兔要立即隔离治疗或淘汰。治疗本病，要先剪去患部周围被毛，用温水浸软痂皮后；仔细刮除，用 1％～2％ 敌百虫溶液擦洗或浸泡患部，每天 1 次，连用 2 天，隔 7～10 天再用一次，同时用 2％ 敌百虫溶液消毒兔笼。药物可用灭虫丁（伊维菌素），每千克体重 0.1～0.2 毫升，一次皮下注射，隔一周后重复一次，效果较好。治疗兔螨病的方法很多，无论用什么方法，必须持之以恒，同时采取综合措施才能收效。

154. 如何减少獭兔虱病的发生？

（1）病原　由兔虱寄生于兔体表而引起的一种慢性外寄生虫病。

兔虱靠吸血生活，故对年幼兔危害最严重。兔虱终生不离开宿主，幼虫或成虫都以吸食血液为生。离开宿主后，通常 1～10 天内死亡。在 35～38℃时经一昼夜死亡。在 0～6℃时可存活 10 天。可见虱对低温抵抗力强，对高温和湿热的抵抗力弱。

（2）流行病学　兔虱的传播方式，主要是直接接触感染，如健康兔与患兔互相接触而感染；其次可通过用具、褥草等传播。饲养管理与卫生条件不良的兔群，虱病往往比较严重。秋季换毛后，獭兔的被毛增长，绒毛厚密，皮肤表面的湿度增加，最适于兔虱的生长和繁殖，因而虱病常较严重。但夏季兔体表的虱子显著减少。

（3）症状　兔虱在吸血时，能分泌有毒的唾液，刺激神经末梢，发生痒感，使獭兔不安，影响采食和休息。有时在皮肤内出现小结节、小溢血点，甚至坏死灶。患兔啃咬或到处擦痒，造成皮肤损伤，继发细菌感染。兔患虱病时，很容易在病变部位发现兔虱和虱卵，故易于确诊。

（4）防治　预防措施，主要是经常保持兔体清洁，兔舍也要清洁、干燥、通风、阳光充足，并定期消毒。防止引进患虱病的兔。兔群中发现有虱病兔，应及时隔离治疗。杀灭兔虱的方法有：①用 1%～2%敌百虫水溶液进行擦洗或喷洒。②阿维菌素或伊维菌素系列产品，按有效成分每千克体重 0.2～0.4 毫克，皮下注射。③用 20%戊酸氰醚酯乳油 1 毫升加温水 4 000～8 000 毫升，涂擦被毛。

155.　如何防治獭兔绦虫病的发生？

（1）病原　本病是由豆状带绦虫的中绦期——豆状囊尾蚴寄生于兔的肝脏、肠系膜及其他腹腔脏器浆膜面引起的一种绦虫蚴病。

（2）流行病学　豆状带绦虫寄生于犬、狐狸等肉食兽的小肠，中间宿主为家兔和野兔，它的幼虫就是豆状囊尾蚴，寄生于兔的肝脏、网膜、肠系膜等处。犬吞食含豆状囊尾蚴的兔内脏后，经 35～46 天在肠道内发育为豆状带绦虫。孕卵节片经常随粪便排出，节片破裂，散出虫卵，污染兔的食物、饮水及环境。兔采食或饮水时，吞食虫卵，卵壳被消化道内蛋白水解酶消化，六钩蚴孵出并钻入肠壁血管，随血流到达肝实质，以后逐渐移行到肝表面，最后到达大网膜、肠系膜及其他部位的浆膜，发育为豆状囊尾蚴。

该寄生虫的成虫寄生在犬的小肠内，其节片常随犬的粪便排出，节片破裂散出虫卵，污染兔的食物、饮水及环境。兔采食或饮水时吞食虫卵，出现豆状囊尾蚴的发病症状；而大量感染有豆状囊尾蚴的家兔内脏没有妥善处理而被随意丢弃，又成为家犬感染豆状带绦虫的主要原因。该病发病广泛，感染率高，不同年龄和品种的兔均易感。

（3）临床症状　豆状囊尾蚴病的獭兔食欲下降、精神沉郁、喜卧。轻度感染一般无明显的症状，会有所消瘦，进而发育缓慢。大量感染时才出现明显症状，表现被毛粗糙无光泽、消瘦、腹胀、食欲减退，粪球小而硬，严重者出现精神沉郁、嗜睡少动、身体消瘦、发育缓慢。后期有的发生腹泻，有的发生后肢瘫痪。感染严重时可引起急性死亡。急性发作者可突然死亡；慢性病例表现出消化紊乱，不喜活动；后期出现腹围增大，精神不振，嗜睡，食欲下降，最终消瘦衰竭而死。

（4）防治要点

①搞好兔场清洁卫生，及时对兔场用具消毒，防止犬粪污染兔的饲料和饮水。

②饲料粉碎区和饲料晾晒区要与犬活动区严格隔离，严禁用含豆状囊尾蚴的兔内脏喂犬。

③对兔场内的家犬要定期进行预防性驱虫，还要经常检查其粪便，看是否有绦虫卵。对新引进的兔要严格检查或隔离饲养一段时间，确定无病后再合群。

④吡喹酮、灭绦灵、甲苯咪唑、丙硫咪唑、氟苯哒唑、巴龙霉素、硫双二氯酚、甲双氯酚、三氯散、槟榔、南瓜子、鹤草芽、龙江散等对该病都有较好的疗效，一般仅为使用剂量的不同。

156. 獭兔真菌病和其他皮肤病有何区别，怎么进行獭兔真菌病的防治？

獭兔的体表性皮肤真菌病又称脱毛癣，是由多种真菌感染引起的一种人畜共患传染病，主要病原有须发癣菌和小孢霉菌等。因病因不同，感染程度不同，表现出的症状也随之变化。该病主要感染仔兔、幼兔，并出现临床症状，给养兔业造成较大的经济损失，该病传播迅速，危害严重，难以根治，单纯依靠某种药物防治难以达到理想的效果，须用综合防治措施。

（1）**流行状况**　该病是通过直接接触或经被感染的土壤、饮水、饲料、用具等传播媒介而感染。兔笼拥挤、环境潮湿、卫生恶劣等可诱发该病。仔兔、幼兔发病率高；哺乳母兔也可发病，主要危害乳房周围皮肤，如继发感染葡萄球菌或链球菌病会使病情加重引起死亡；仔兔在吮乳后感染，口、鼻、眼周围形成红褐色结痂，仔兔成活率很低。该病除感染兔外，也感染各种家畜家禽、野生动物和人，一年四季均可发生，但以春秋季换毛季节多发。患兔和带菌兔是主要传染源。真菌病的传播非常迅速，患兔的痂皮、兔毛等脱落后带有大量的病原，通过机械传播，如人工搬动、空气流动，在兔群内广泛传播，由于真菌多以孢子的形式传播和存在，所以很难清除。当兔场内有该类病原存在时，非繁殖期母兔一般不表现症状，只是在繁殖期间，母兔乳腺发育，有利于真菌繁殖，从而在母兔乳房周围形成病变。仔兔在哺乳时与母兔直接接触，稚嫩的皮肤更易感染，几天后表现出临床症状，随后感染范围不断扩大，病程不断加深，产生不同的症状。

（2）**临床症状**　该病主要危害仔幼兔。患病仔幼兔出现头、口角周围及耳部皮毛有环状和圆形突起，脱毛，患部皮肤有灰白色或淡黄色结疤，继之，四肢末端和下腹部脱毛，患部皮肤发生溃疡，仔兔眼周围脱毛后如眼镜状，四肢末端痂皮增多；幼兔脸部、耳部有圆形块状脱毛，皮肤结痂，去掉痂皮形成溃疡，用力挤压有脓样分泌物。患兔消瘦，体弱，生长不良，个别发生死亡。哺乳母兔大腿外侧呈现出对称性断毛、脱毛，乳房周围形成糠麸样的病灶，皮肤局部炎症、结痂脱毛，去除痂皮后，形成溃疡，用力挤压，可见溃疡面上有多个挤出的细小脓样物。

（3）**鉴别诊断**　兔真菌病、兔螨虫病、兔湿性皮肤病、营养性脱毛，在临床上容易混淆，很难区别，主要从以下四个方面加以鉴别。

①发病部位　兔螨虫病发病部位主要在耳内外侧、鼻尖、四肢末

端、爪部。有时波及下腹，阴部或全身；患兔发病后奇痒、皮炎、龟裂。兔湿性皮肤病患部在于下颌、颈部或前肢。兔脱毛癣菌则发生在脸部、耳外侧，大腿外侧或背部，腹部被毛处，呈圆形或块状断毛、脱毛。营养性脱毛断毛，断毛整齐，根部有毛茬，在1厘米以下，部分在大腿和肩胛两侧。

②痂皮的厚度　患螨虫病的患兔皮肤痂皮较厚，有石灰样的白色沉着物。湿性皮炎病是皮肤发红，有腐烂、溃疡、坏死等病理变化。而真菌患兔则疱皮较薄，呈糠麸样。

③温度鉴别　螨虫病在温暖的环境中加剧瘙痒，患兔难忍，而脱毛癣和湿性皮炎患兔没有这一现象。

④拔毛鉴别　兔脱毛癣病患部周边被毛轻轻拉扯易脱毛，而螨虫病、兔湿性皮炎则无此现象。

(4) 獭兔真菌病的综合防治措施　控制真菌病要坚持预防为主、防治结合的原则，必须建立健全的一系列防治措施和治疗方案，且要持之以恒，长抓不懈，才能收到良好的效果。同时要预防饲养员及管理人员感染。

①预防　建立严格的卫生防疫制度：坚持常年消灭鼠类及吸血昆虫，兔舍、兔笼、用具、兔体保持清洁卫生，兔舍通风换气，定期消毒，消灭传染源及传播途径。

坚持自繁自养，严把引种关：无论是自繁自留的种兔，还是外地购进种兔都要严把质量关，引种时要特别注意观察兔的皮肤、被毛状态，严禁引进从外观上观察有该病症状的患兔。引进后隔离饲养一个月，观察无病后方可转入生产舍或参与配种繁殖。

严格执行淘汰制度：对患病严重的种兔严格予以淘汰；对整窝仔兔患有真菌病的哺乳母兔予以淘汰；对患病严重的仔兔予以淘汰。

隔离：对症状较轻的种兔进行隔离治疗，治愈后方可配种繁殖；对患病较轻的商品兔、仔兔要定舍或在舍内下风处进行隔离治疗；转到商品兔舍的患病仔、幼兔，必须有专人单独隔离饲养，饲养人员严禁串舍，杜绝全场蔓延扩散。

消毒：每周用3％火碱对兔舍及工作间地面进行喷雾消毒；对耐火用具如铁锨、粪车、料车、铁料盒、产仔箱等进行火焰消毒，对不耐火的用具使用百毒杀或火碱进行消毒；对转窝后的空笼及时进行火焰消毒及百毒杀喷雾消毒；对转群后的仔兔笼具进行火焰消毒及百毒杀喷雾消毒；对病死兔笼具及时进行火焰消毒及百毒杀喷雾消毒；每周用百毒杀与石硫合剂（1∶60）交替对带菌兔进行喷雾消毒；每周用4%火碱进行场内外环境消毒，办公室及生活区用百毒杀进行喷雾消毒；该病为人畜共患病，饲养员及工作人员要注意自身防护，防止人畜相互传染。捡病死兔、清理粪便、个体治疗、免疫、配种、转群等工作结束后，必须进行全身或洗手消毒。饲养人员的工作服每周必须进行定期清洗消毒；门前踏脚垫加入3%火碱进行消毒，每周更换两次消毒液，饲养人员非工作原因严禁串舍；尿水用10%～20%石灰乳消毒，经二次沉淀排放；粪便进行发酵处理，一般夏、秋季节发酵时间为7天，冬、春季节发酵时间为14天，病死兔要焚烧或深埋等进行无害化处理。

②加强饲养管理　不能喂发霉变质的饲料，在日粮中增加维生素含量以提高其抵抗力，并注意防治螨虫及葡萄球菌病的发生，防止继发感染。

③群体药物防治措施　灰黄霉素预防和治疗该病效果不错，预防量按灰黄霉素600克/吨拌料，连用10天，种兔间隔半年用药1次；治疗用量按灰黄霉素750克/吨拌料，连用2个疗程，第一疗程10天，间隔7天再用第2疗程，同时配合进行个体患部局部用药。针对临床表现有真菌病症状的兔只，采用大群使用灰黄霉素治疗量拌料，同时对其患部配合涂擦药物进行治疗，疗效极佳。常用于真菌病的涂擦药物有复方水杨酸苯甲酸搽剂、5%碘酊、克霉净1号软膏、克霉素唑软膏、咪康唑软膏、皮康乐软膏、特比奈芬、特肤灵等。哺乳母兔产后在乳房周围用1∶500百毒杀涂擦乳房进行消毒灭菌。

第十三章　常见獭兔普通病

157. 怎么预防獭兔夏季中暑?

本病是獭兔、尤其是长毛兔常见病之一。在炎热的夏季，防暑降温工作不周，常会引起中暑。

(1) 病因　兔舍潮湿，不通风，天气闷热，笼小过于拥挤，产热多，散热不易，最易引起发病。暑天运兔，路长，阳光直射，笼小拥挤也会引起中暑。

(2) 症状　主要是兔体内热量散发不出来，身体过热引起脑部充血，使呼吸系统机能发生障碍。妊娠后期的母兔对此病特别敏感。发病后，口腔、鼻腔和眼结膜充血、潮红，体温升高，心跳加快，呼吸急促，停止采食；严重时，呼吸困难，黏膜发绀，从口、鼻中流出血色液体。病兔常伸腿伏卧，尽量散热，四肢呈间歇性震颤或抽搐直到死亡。有的发病比较急，突然虚脱、昏倒，发生全身性痉挛，随后尖叫几声，迅速死亡。

(3) 防治　做好夏季防暑降温工作，用冷水喷洒兔舍，加强通风，降低密度，供给充足清洁的饮水等。避免在夏季白天长途运输。对已发生中暑的獭兔，要及早抢救，即迅速降温，使兔体散热，兴奋呼吸中枢和运动中枢。方法是：①立即将病兔置于阴凉通风处，头部敷冷水浸湿的纱布或冰袋，同时灌服冷的生理盐水。②从耳静脉适量放血，减轻脑部和肺部充血现象，同时从耳静脉补进适量的葡萄糖生理盐水。③内服十滴水 2～3 滴，加适量温水灌服，或口服人丹 2～3粒。④静脉注射樟脑磺酸钠注射液或樟脑水注射液。

158. 怎样防止獭兔毛球病的发生？

（1）病因 饲养管理不当，如兔笼狭小、拥挤，引起食毛癖，或是脱落的兔毛混入饲料中被误食。饲料中缺乏钙、磷等矿物质元素以及维生素等，引起兔互相咬毛皮和吃毛。当患有皮炎和疥癣时，獭兔因发痒啃咬本身的毛而引起毛球病。

（2）症状 消化不良，食欲不振，好伏卧，饮水多，便秘。当毛球过大阻塞肠管时，引起剧烈疼痛。由于饲料发酵，引起胃臌胀。从胃部可能摸到毛球，如不能及时排出毛球，会引起病兔死亡。

（3）防治 平时加强饲养管理，及时清除脱落兔毛。满足兔对矿物质和维生素的需要量。群养兔避免拥挤。如兔胃内已形成毛球，一次口服植物油 20～30 毫升，或以温肥皂水深部灌肠，当毛球排出后，应喂给易消化的饲料和健胃药物。如毛球过大过硬时，用手术从胃内取出毛球。

159. 獭兔有机磷农药中毒怎么解救？

有机磷农药是我国目前使用最广泛的一种杀虫剂，包括敌敌畏、敌百虫、乐果等。獭兔误食喷过有机磷农药的蔬菜、禾苗、青草等，都可引起中毒。

（1）症状和病变 中毒兔精神沉郁，不吃，流泪，流涎，口吐白沫，瞳孔缩小，心搏增快，呼吸急促，尿频，腹泻，排出黄色黏液性粪便，体温不高，肌肉抽搐，间或兴奋不安，发生痉挛，最后多因精神麻痹、窒息而死。剖检气管和支气管内积有黏液，肺充血、水肿，心肌淤血，肝脏、脾脏肿大，黏膜充血、出血，胃内容物有大蒜味。

（2）防治 对青饲料来源严格控制，刚打过农药的饲料切勿用来喂兔。用敌百虫治疗内外寄生虫应准确计算剂量。对已发生中毒的兔应立即抢救。其方法是：①使用解磷定等恢复胆碱酯酶活性。成年兔用解磷定 0.5 克，维生素 C 2 毫升，加 5% 葡萄糖生理盐水 40 毫升，静脉注射。②使用阿托品解除乙酰胆碱积聚引起的临诊症状。阿托品

0.5～1.0毫升，一次肌内或皮下注射，隔1～2小时再重复一次。症状缓解后，剂量减半，再用1～2次。

160. 怎样防治獭兔感冒？它和獭兔鼻炎病有何区别？

（1）病因和症状　兔体内有积热，外感风寒极易引起本病。天气突变，冷热不均，受贼风和穿堂风侵袭时发病增多。病兔咳嗽，打喷嚏，流鼻涕，初为浆液性，后变成黏液脓性。精神不振，食欲减少，眼无神，呈水汪汪状。重者体温高达40℃以上，呼吸困难，极易继发气管炎或肺炎。

（2）防治　注意冬、春季节兔舍的通风保暖。治疗用复方氨基比林注射液2～4毫升、青霉素10万～20万单位混合，肌内注射，效果良好。也可用柴胡注射液肌内注射，每次2毫升，每天1～2次；病轻者内服克感敏片或复方阿司匹林片，每天3次，成年兔每次0.5～1片，幼年兔酌减。中成药银翘解毒片或桑菊感冒片也可酌情选用。

感冒若带有流行性者，应迅速隔离病兔，以防蔓延。

（3）獭兔感冒和鼻炎病的区分　感冒是由病毒引起的上呼吸道传染病，患兔出现频频打喷嚏，鼻孔内流出清水样分泌物，体温升至40℃左右，用氨基比林和青霉素肌内注射效果显著，对抵抗力强的獭兔，即使不治疗，7天后也能自愈；鼻炎病是由巴氏杆菌引起的慢性呼吸道传染病，体温正常，其病程较长，治愈后容易复发，鼻孔内分泌物呈黏稠状或脓性，如不治疗，病情日渐严重，最后因呼吸困难，衰竭死亡。

161. 獭兔腹泻常见的原因有哪些？怎么预防和治疗？

獭兔腹泻病是指以腹泻为主症的一类疾病的统称。是目前危害獭兔的重要疾病之一，发病率和死亡率较高，尤其是对幼兔危害最大。引起腹泻病的因素很多，与饲料、应激、气候、原虫、细菌、病毒等有关。要想明确单一的某种原因颇为困难，往往是多种因素综合作用的结果。兔腹泻病多数是由于病原性微生物导致的病原性腹泻和由于饲养管理不当引起的非病原性腹泻。对于病因明确的病原性腹泻，如球虫病、泰泽氏病、魏氏梭菌病、轮状病毒病等，已在前面介绍过，不再重复。这里重点要介绍的是由于饲料和饲养管理不当引起的非病原性腹泻病。

（1）病因　临诊病例及研究结果表明，引起腹泻病的各种诱发因素主要与饲料有关，饲料似乎是原发性关系，细菌的作用似乎是继发感染的结果。饲料、特别是高能量、低粗纤维饲料能直接或间接引发本病。

①由高能量、低粗纤维饲料引起。日粮中适宜的粗纤维含量，能刺激胃肠道黏膜，增强其活力，防止细菌黏附，呈现保护作用，并能维持胃肠肌肉系统的紧张性，对消化物的运动、稀释及粪便的形成具有重要作用。日粮中粗纤维含量低于5％时，则死亡率大大增加；高能量（高淀粉）饲料含大量可溶性碳水化合物，极易引起盲、结肠碳水化合物过度负荷。

②断奶不久的仔兔常因贪食过多饲料而发生肠臌气，并引起腹泻。

③兔吃食不洁的饲料、腐败饲料、有毒植物、沾污有农药的饲料等，往往引起腹泻。

④饲草水分过多，特别是青嫩饲料，采食后也易引起腹泻。

（2）病理过程

①盲、结肠碳水化合物过度负荷　是指饲料中如果含大量淀粉，小肠难以完全消化，那么未经消化的淀粉即到达盲、结肠，使可溶性碳水化合物积聚过多，并在此分解发酵，最终出现：

A. 产生大量挥发性脂肪酸，如醋酸、丙酸、丁酸等。这些脂肪酸增加了后肠液体的渗透压，将水分由血液吸至肠内。

B. 细菌大量增殖，产生毒素，损伤盲、结肠黏膜，改变其通透性，使电解质和水分渗到肠内。

C. 毒素被吸收，损害神经系统，引起急性肠原性毒血症。已知的毒素有 A 型产气夹膜梭菌的 Iota 毒素和顽固梭菌、螺形梭菌、魏氏梭菌及大肠杆菌的毒素等。以上病理过程，最终引起病兔腹泻脱水、中毒而死。

②肠道菌群失调　肠道菌群依赖于宿主条件、饲料、药物及菌群与宿主之间的相互关系。正常菌群如果受到各种因素的干扰，与宿主之间的平衡关系遭到破坏而发生质和量的变化，就会产生菌群失调，主要表现在以下方面：

A. 比例失调　正常肠道厌氧菌与需氧菌的比例为 1000∶1，革兰氏阴性菌与阳性菌（G^-，G^+）的比例为 1∶3。失调时其比例发生重大改变，经常是常住菌的某一成员过盛繁殖或有时是外袭菌大量增殖。例如，正常盲肠中大肠杆菌含量为每克粪便 10^6 个，腹泻时 G^- 菌大量增加，G^+ 菌极少甚至绝迹。不仅是比例的失调，而且肠道致病菌数量大为增加。

B. 自身感染　如大肠杆菌的自身感染。

C. 定位转移　微生物在肠道内有一定的区系分布，这是由于环境的理化特性，如含氧情况、pH、氧化还原电势、营养源及其性质、黏膜面的分泌和组织学特性等的不同，在长期进化过程中形成的。失调时定位发生很大变化，如前段小肠很少有大肠杆菌，肠炎时可大量出现，甚至可转移到呼吸道或泌尿道中。

D. 代谢产物的作用　微生物所形成的内外毒素，能引发肠源性毒血症。

E. 定植耐性的降低　正常肠道的厌氧菌对潜在的病原菌、需氧菌的定植有生物颉颃作用或屏障作用，能使机体抵抗力提高，这种作用称定植耐性。此定植耐性决定于耐性因子厌氧菌。所以，保护厌氧菌的绝对优势是提高颉颃作用的必要条件。当其失调时，这种颉颃作用降低，致病菌大量增殖。

（3）症状　病初，胃肠黏膜浅层轻度炎症，仅表现食欲减退、消化不良和粪便带黏液。随着炎症的加剧，胃肠道内容物的停滞，病兔拒食，精神迟钝。有时先短时间便秘，后腹泻。有时肠管臌气，肠音响亮，拉稀糊状的恶臭粪便，并混有黏液，肛门周围沾污稀粪。有时出现严重的腹泻，病兔脱水，眼球下陷，面部呆板，迅速消瘦，体温升高后在短期内降至正常以下，很快死亡。

（4）防治

①日粮中保持适宜的粗纤维水平，避免喂高能量低纤维的日粮，

一般日粮中粗纤维的适宜含量为：哺乳仔兔为 8％～10％，幼兔为 11％～12％，青、成年兔为 14％～16％。日粮中蛋白质的适宜含量为：哺乳仔兔为 18％～20％，幼兔为 16％～18％，青、成年兔为 14％～16％。日粮中消化能的适宜含量为 10.0～13.0 兆焦/千克。加强饲养管理，严禁饲喂腐败变质的饲料，根据气候情况，合理饲喂多汁青绿饲料，保持兔舍清洁干燥。对断奶不久的幼兔，要控制青料的喂量和定量给予优质的精料。

②本病病重时，用药物治疗效果不佳。病初、病轻时用抗生素和补液治疗有一定效果。在兔群发生腹泻时，应停喂青绿多汁饲料和精饲料，改成饲喂干草，可有效地控制发病。待康复后，喂正常饲料。

162. 獭兔难产的原因有哪些？怎么处置？

（1）獭兔难产原因

①夏季繁殖不注意防暑　为了加快母兔的繁殖，许多养殖户为了抓住时机，在夏季安排母兔繁殖，因不注意防暑，使种母兔分娩能力减弱，导致母兔难产。

②妊娠母兔不限喂精料　由于仔兔价格高，母兔的经济效益显著，不少养兔户任其自由采食。由于母兔摄取过多能量而造成肥胖症，其腹部、臀部、胸部，特别是盆腔脂肪积存过多，形成产道狭窄，出现难产。

③妊娠后期继续加喂精料　妊娠半月后，胎儿逐渐发育成型，对营养吸收随之加强，特别是临产 3～4 天胎儿对营养的吸取特别旺盛，若母兔摄取过多高能量饲料，营养供应充足，胎儿体重迅速增加，易因胎儿过大，出现难产。

④产仔数低，胎儿体重过大　母兔因配种不当，产仔仅 1～2 只；孕期 31 天以上，胎儿初生重可达 80 克，个别 150 克，造成母兔难产。

⑤杂交组合不当　选用大品种公兔与小品种母兔杂交，由于杂种优势的存在，胎儿发育过大，超出母兔产道的承受能力，出现难产。

⑥幼龄母兔早配　目前不少养兔户为了追求经济效益，4 月龄母

兔初次发情就配种繁殖，而此时母兔尚未达到体成熟，因而出现初生性难产。

（2）症状　病兔不吃、不喝，伏于产箱内，有的轻声呻吟，常作分娩动作，举尾，不见仔兔产出。一般持续1～2天，长的甚至几天，有的胎儿死于母兔体内。

（3）难产的处置

①难产初期，皮下注射脑垂体后叶素1毫升。

②用胶管将肥皂水导入子宫内，压迫腹部帮助娩出。

③有条件的可剖宫产　手术时，母兔倒卧，用绳缚住。肋骨的后边肷部，为手术部位，手术部位的毛要剪掉或剃毛，用酒精和碘酒消毒，再沿预定切口部位注射0.5%盐酸普鲁卡因溶液10～20毫升，局部麻醉。切开皮肤、腹肌、腹膜，打开腹腔。找到子宫角，把子宫引出创口，切开子宫壁，取出胎儿，止血。用灭菌的缝线，缝合子宫，再缝合腹膜、腹肌和皮肤。术后注射青霉素等抗生素，防止感染。手术越早，效果越好。

163. 怎样防治獭兔的乳房炎?

兔乳房炎是产仔母兔常见的一种疾病，常发生于产后1周左右的哺乳期，轻者影响仔兔吃乳，重者造成母兔乳房坏死或发生败血症而死亡。

（1）病因

①生物因素　由于外伤引起链球菌、葡萄球菌、化脓棒状杆菌、大肠杆菌、绿脓杆菌等病原微生物侵入乳房而感染。

②外伤性因素　笼舍内的锐利物损伤乳房，或因泌乳不足、仔兔饥饿，吮乳时咬破乳头致伤。

③饲养管理性因素　母兔分娩前后饲喂精料过多，使母兔乳汁过多，浓稠的乳汁堵塞乳腺管，致乳汁不易吮出而发炎；或有些母兔母性差，拒绝给仔兔哺乳，造成乳汁在乳房内长时间过量蓄积而引起乳房炎。

（2）临床症状　发病初期在母兔乳房局部出现不同程度的红色肿

胀、增大、变硬、皮肤紧张，继之肿块呈红色或蓝紫色，界限分明。1～2天后硬肿块逐渐增大，发红发热，疼痛明显，触之敏感，病兔躲避。随病程的延长，病情加重，脓汁形成，肿块变软，有波动感，疼痛减轻。当乳房肿块出现白色凹陷时，乳房变成蓝紫色，母兔体温升高到40～41℃，精神沉郁，呼吸加快，食欲减少或废绝，拒绝哺乳，喜饮冷水。病情加重时，乳腺管破裂可引起全身感染，最后导致败血症而死亡。

（3）诊断　本病诊断简单，根据母兔乳腺肿胀、发热、疼痛、敏感，继之患部皮肤发红，或变成蓝紫色（俗称蓝乳房病），病兔行走困难，拒绝仔兔吮乳，局部可化脓或形成脓肿，或感染扩散引起败血症，体温可达到40℃以上，精神不振，食欲减退等症状可作出诊断。

（4）预防

①科学饲喂母兔　母兔分娩前、后5天内，降低饲料中蛋白质的含量，适当减少精饲料的用量，增喂青绿饲料，保证母兔泌乳量合理和乳汁浓度适中，以后逐渐恢复饲料蛋白质的含量和精饲料的用量。如果母兔体况瘦弱，泌乳不足则要增加精饲料的用量，保证家兔有足够的营养物质，以利正常的乳汁分泌。

②加强仔兔护理　母兔乳汁供给不足时，须将部分仔兔实行寄养或人工哺乳，防止仔兔咬伤乳头。仔兔要分批断奶，这样既能保证仔兔的成活率，又有利于母兔逐渐减少乳汁分泌量，降低乳房炎发病率。

③重视日常管理　母兔产前3～4天，要全面清洗产仔箱和各种用具，并进行严格消毒。产房要保持安静，清除污染的垫草，保持清洁卫生，加强防寒保暖。及时清除兔笼内的铁钉、木块等尖锐物，防止损伤母兔的皮肤和乳房，避免病菌感染而发生疾病。加强日常检查，发现异常情况及时处理。

④做好药物预防　在母兔分娩前、后2～3天，给母兔喂服磺胺嘧啶片1～2片或复方新诺明1片，每天1次，连用5～7天，可以极大地降低乳房炎发病率。母兔分娩后喂给母兔新鲜的蒲公英、紫花地丁、金钱草、野菊花等青饲料，对预防乳房炎有较好的效果。

(5) 治疗

①毛巾冷敷法 适用于病症较轻，发病 24 小时以内的母兔。用冷水或 2%硼酸溶液浸湿毛巾后对母兔乳房进行冷敷，每次 15～20 分钟，每天 3 次；也可以用冰块直接冷敷。同时，每千克体重用磺胺噻唑 0.1 克，土霉素和酵母片各 1 片的量给药，一次内服，每天 2 次，连用 3～5 天。

②毛巾热敷法 适用于发病 24 小时以后，病症较轻，乳房内没有硬结块，也未发生化脓的母兔。方法是先用手挤出母兔乳房内的乳汁，再用干净的毛巾或纱布浸 38℃左右 5%硫酸镁溶液对乳房患部进行热敷，约 5 分钟后挤出纱布内的水分，再浸药液热敷，每次 20～25 分钟，每天 2 次。每次热敷后患部涂上鱼石脂软膏，同时内服复方新诺明，0.1 克/千克体重，每天 2 次，连用 3～5 天。

③花椒洗浴法 适用于发病较早，病症比较轻的母兔。取花椒 50 克，加水 3 升，煎煮取药汁，待药汁冷却到 40℃时对母兔乳房进行洗浴，每次 15～20 分钟，每天 3～4 次。同时，取青霉素 80 万单位、痢菌净注射液 10 毫升和地塞米松 1 毫升分 2 次肌内注射，早、晚各 1 次，连用 3 天病症可消除。

④封闭治疗法 主要适用于母兔乳房发生肿胀但没有出现化脓的病例。取 0.25%～1%盐酸普鲁卡因溶液 10～20 毫升，青霉素 5 万～10 万单位，氟美松注射液 2 毫升，注射用水 10 毫升，混合均匀后注射于乳房基部。每隔 2 天 1 次，连用 2～3 次；并用 5%硫酸镁溶液局部温敷患部，每天 1～2 次。此外，可取鲜蒲公英 6 克，鲜薄荷 3 克，芦根 6 克，水煎取汁内服，每天 1 剂，连用 3～4 天。

⑤手术治疗法 适用于破溃流脓或脓肿成熟未破溃的病例。方法：将患病母兔仰卧固定，剪去患部四周的兔毛，用 5%碘酊消毒后在脓包的两端各切 1 个小口，轻轻挤压将脓汁排出，再用 1%新洁尔灭或 3%双氧水冲洗，然后将 80 万单位青霉素粉撒入脓腔内。同时，肌内注射青霉素 20 万～40 万单位，每天 2 次，连续 3～5 天。

⑥全身药物治疗 发病后为防止母兔继发全身感染而造成败血症，应及时进行全身治疗。患病母兔每千克体重用青霉素 5 万单位、链霉素 2 万单位、安痛定注射液 0.5 毫升，混合后肌内注射，每天 2

次，连用 3 天；或每千克体重用庆大霉素 1 万单位、维生素 B_1 注射液 0.5 毫升、安痛定注射液 0.5 毫升、大青叶注射液 0.5 毫升，混合后肌内注射，每天 2 次，连用 3 天。

⑦中药治疗法　金银花、连翘各 9 克，野菊花、蒲公英、紫花地丁各 15 克，水煎取汁内服，每天 2 次，每只每次 15～20 毫升。

⑧民间验方法　A. 蒲公英鲜全草 25 克，食盐少许，捣烂外敷于患处，每天换药 1 次，5 天可痊愈。B. 金钱草 100～150 克炒熟，捣烂后加白酒 50～100 毫升拌匀，趁热敷患处，并用纱布固定好，每天 1 次，连用 3 天。

⑨仙人掌治疗法　仙人掌具有清热解毒、镇痛之功效，对獭兔乳房炎有很好防效。方法：先将患处的兔毛剪掉，然后用温水清洗干净并用碘酒棉球对患部皮肤彻底消毒，用消毒的大号缝衣针平刺乳房四周红肿有硬块处（针刺深度以 0.5 厘米为宜），刺入后用手轻轻挤压患部，使脓汁全部排出，再用酒精棉球擦净，然后将适量的仙人掌去刺剥皮捣碎成糊状或对适量白酒（或 95％酒精）调匀，涂抹于患处，每天 1 次，一般 3～4 天可痊愈。对于病情严重的，结合口服消炎药物或肌内注射抗菌消炎药物，效果更佳。

164. 如何防止獭兔脚皮炎的发生？

（1）病因　脚皮炎是规模化养兔场的常见病、多发病之一，主要是獭兔的足部踩在笼底铁丝网上，经过长时间的摩擦而引起皮肤损伤，伤口感染金黄色葡萄球菌所致。以致死性败血症或化脓性炎症为其特征。

（2）症状　脚皮炎发生在兔四脚底部，尤其后脚多发，开始时出现充血，轻微肿胀，脱毛，在皮肤上可见覆盖有干燥硬痂的局部溃疡，大小不等。后来局部出血，疼痛，患兔站立时四脚交替频繁，不想吃食，日渐消瘦，最终死亡。解剖发现，症状较轻者，跗骨下面肉内可见葡萄球菌脓团块，呈沙粒状，白色，轻者仅见于底部。症状较重时，其外观表现肿胀严重，脚跗骨上面肉内白色沙粒状物密布，此时较难治愈，最后严重肿胀，化脓，经久不愈，不治而亡。

（2）防治

①保证笼底平整，无尖锐物体，尽量减少用铁丝网做兔笼底板，消除脚病生发隐患。最好采用竹条笼底。

②搞好兔舍清洁卫生，喂草要设草架，杜绝笼底板上堆积草料粪尿，防止笼底板上的污物尿液浸渍兔脚而致病。

③要做到及时发现，及早治疗。此病早治，几天即愈，晚治费时费药，较难治愈。将患病獭兔脚部用0.1％的高锰酸钾溶液清洗，清洗掉脚部痂皮及坏死组织，然后患部涂抹红霉素软膏，用纱布包裹患脚。溃烂时，常规清理创口后，先用云南白药涂于创面，外敷红霉素软膏密封，再用纱布包扎。化脓而未溃烂时，先清理外部，洗净消毒，剖口排脓，用过氧化氢冲洗创口，然后敷药包扎，笼底铺垫软干草。对伤势特别严重者，结合用青霉素按每千克体重10万单位肌内注射，每日一次，效果甚好。

165. 如何防止獭兔应激综合征的发生？

獭兔应激综合征是獭兔在受到外界非特异性有害因素刺激所表现的防御反应和机能障碍。现已成为危害獭兔比较严重的疾病之一。

（1）病因　应激的发生与饲养獭兔过程中受到的不同的刺激因素有密切关系。

（2）发病特点　多发生于断奶后仔兔、肥胖仔兔，大兔也有发生，尤以夏季高温炎热季节为甚。

（3）症状　病兔心跳、呼吸加快，黏膜发绀，四肢痉挛，粪尿失禁，精神萎靡。呆立一隅，拒食或少食，短时间呻吟并呈角弓反张后惨叫数声死亡。另外，不同原因还表现不同的症状。

运输热：运输途中，缺水少食，烈日暴晒，车厢通风不良所致。

条件性致病菌：在应激情况下，机体抵抗力下降时，大肠杆菌、沙门氏菌、链球菌、巴氏杆菌等条件性致病菌毒力增强成为致病菌，引起发病。

突毙综合征：因惊吓或挤压，未见任何症状而突然死亡，剖检可见原发性的心脏病灶，这是最严重的应激性病症。

（4）诊断 根据黏膜发绀、四肢痉挛、粪尿失禁、精神萎靡、呆立一隅、拒食或少食的临床症状，以及流行病学特征作出综合诊断。

（5）防治 为了减少应激发生，可采取如下措施：科学饲养，加强管理。提高日粮中维生素E含量，注意日粮营养全面，适时分群。做到防湿保干，防寒保暖，防热保凉，防脏保洁，防噪保静。做好预防注射。搞好兔舍卫生，定期消毒，防止传染病发生。一旦发生应激病症状，立即解除应激因素，适当添加矿物质和微量元素，加倍使用多种维生素，少喂多餐，改善饲料品质。适时使用预防药物，防止条件性致病菌感染。

166. 如何防治仔獭兔黄尿病？

仔兔黄尿病又称仔兔急性肠炎，由金黄色葡萄球菌感染所致，多发生于出生后一周左右，是影响养兔业的一大疾病，感染后窝中大部分或全窝死亡，给养兔业带来极大损失。

（1）病因 一般来说仔兔黄尿病与母兔乳房炎有直接关系。仔兔吸吮含葡萄球菌的"毒奶"之后，直接导致发病。有的与母兔患有脚皮炎和脓疱的也可引发该病。

（2）症状 其主要特征是后躯下肢潮湿发黏，色黄味腥；严重者很快消瘦，昏睡，爬动无力，腹部凹，皮肤松皱，绵软；病程3～5天，过3天内未死会有救活的希望活下来，发育缓慢明显小于同伴。死亡兔腹部呈青紫色。

（3）剖检变化 剖检病死仔兔，可见小肠浆膜和黏膜充血并有出血点或出血斑。肠腔内充满稀薄腥臭的黏液，并含有未消化的凝乳块。膀胱高度扩张并充满橘黄色的尿液。

（4）诊断 根据哺乳母兔患乳房炎，全窝哺乳仔兔中大多数同时发病的特点，结合临床症状及病死兔的剖检变化，可作出诊断。

（5）治疗

①立即将哺乳仔兔与哺乳母兔隔离饲养，对仔兔改为人工哺乳（喂鲜牛奶）。

②用小儿安（磺胺类药物）和白糖给仔兔口服：先将白糖2～3

克用开水冲溶，待温后加小儿安1包搅匀，用无针头注射器吸取此混合液，左手抱定仔兔，使其嘴角和眼角在一水平线，右手持注射器将药液滴注于口角内，每只仔兔4～6滴，每日4次，连用4天（也可口服庆大霉素，每日2次，每只每次2～3滴，连服4天）。其他抗菌药物（如磺胺脒、磺胺嘧啶等）、抗生素（如庆大霉素、卡那霉素等）及氟哌酸类药物（如环丙沙星、蒽诺沙星等）对其均有显著疗效。

③在治疗仔兔的同时，切莫放松母兔乳房炎的治疗。

参 考 文 献

范光勤.2001.工厂化养兔新技术［M］.北京：中国农业出版社.

谷子林.2006.肉兔无公害标准化养殖技术［M］.石家庄：河北科学技术出版社.

谷子林.2007.怎样提高养獭兔效益［M］.北京.金盾出版社.

胡薛英，蔡双双.2006.实用兔病诊疗新技术［M］.北京：中国农业出版社.

庞本等.2001.实用养兔技术图说［M］.郑州：河南科技出版社.

任克良.2002.现代獭兔养殖大全［M］.太原：山西科学技术出版社.

单永利，张宝庆，王双同.2004.现代养兔新技术［M］.北京：中国农业出版社.

苏振渝.2000.獭兔养殖图册［M］.北京：台海出版社.

孙慈云，杨秀女.2010.科学养兔指南［M］.第2版.北京：中国农业大学出版社.

王桂芝，娄德龙.2006.獭兔高效养殖新技术［M］.济南：山东科学技术出版社.

向前.2005.优质獭兔饲养技术［M］.郑州：河南科学技术出版社.

熊家军，梅俊，张庆德.2006.养兔必读［M］.武汉：湖北科学技术出版社.

熊家军.2012.獭兔安全生产技术指南［M］.北京：中国农业出版社.

徐立德，蔡流灵.2001.养兔法［M］.第3版.北京：中国农业出版社.

杨正.1999.现代养兔［M］.北京：中国农业出版社.

张宝庆.2004.养兔与兔病防治［M］.第2版.北京：中国农业大学出版社.

张恒业，等.2010.兔健康高产养殖手册［M］.郑州：河南科学技术出版社.

张花菊，白明祥，谭旭信.2008.养獭兔［M］.郑州：中原农民出版社.

张玉.2010.獭兔养殖大全［M］.北京：中国农业出版社.

周元军.2002.獭兔饲养简明图说［M］.北京：中国农业出版社.

图书在版编目（CIP）数据

高效养獭兔与兔病防治有问必答/熊家军，杨菲菲
主编 . —北京：中国农业出版社，2017.1（2018.9 重印）
（养殖致富攻略·一线专家答疑丛书）
ISBN 978-7-109-22511-4

Ⅰ.①高… Ⅱ.①熊…②杨… Ⅲ.①兔－饲养管理
－问题解答②兔病－防治－问题解答 Ⅳ.①S829.1-44
②S858.291-44

中国版本图书馆 CIP 数据核字（2016）第 311994 号

中国农业出版社出版
（北京市朝阳区麦子店街 18 号楼）
（邮政编码 100125）
责任编辑 肖 邦

———————————————

中国农业出版社印刷厂印刷 新华书店北京发行所发行
2017 年 1 月第 1 版 2018 年 9 月北京第 2 次印刷

———————————————

开本：880mm×1230mm 1/32 印张：7.625
字数：210 千字
定价：25.00 元
（凡本版图书出现印刷、装订错误，请向出版社发行部调换）